AI 戦争論

進化する戦場で自衛隊は全滅する

Nisohachi Hyodo
兵頭二十八

飛鳥新社

はじめに

「ウインドーショッピング」のレベルでおわっている日本の防衛構想

ステルス戦闘機を純国産しろとか、強襲揚陸艦（軽空母）を造って垂直離着陸ができるF－35B戦闘機も運用しろだとか、アメリカからTHAADも調達しろだとか、むしろトマホーク巡航ミサイルを買ったらどうだとか、ミリタリー評論業界周辺では、小学校高学年から中二ぐらいの男子が好みそうな「アイテム」の話がさかんに取り沙汰されます。

じっさいにそうした数十億円かのプロジェクトに関与して、収入を得る可能性のある会社の人々には、おおごとでしょう。

けれども、防衛事業のインサイダーではない納税者・有権者であるほとんどの国民――つまりわたしたち――には、それよりももっと心配をした方がよい、生活の全局面にかかわる大問題が、迫っているんです。

あと40年足らずで「ＡＩ」（人工知能）が人類全体を自滅させるかもしれない……そんな「一回性

事象」に向かっている時代の加速度が、庶民には実感されていません。

アンモナイトや恐竜たちを絶滅させてしまった「環境の激変」が、ついに今度は高等知性――われわれ人類――をお見舞いする順番が巡って来ました。

もちろん「戦争」は、ＡＩの進化とは無関係に、これからもいつでもあり得ます。

しかし逐次に戦争は、核戦争であれ対ゲリラ戦争であれ、「電子的ソフトウェア」が鍵となって勝敗を左右するようになるでしょう。

いっぱんに電子的ソフトウェアが高度に発達すれば、それは特定の仕事に関しては、人間の頭脳の処理スピードを確実に凌駕（りょうが）します。

わたしは、人間の精神と同等な世界認識（外界認識）ができるまでには至っていない現今の非汎用ソフトであるＡＩは「準ＡＩ」と呼ぶべきだろうと思うのですが、本書では必ずしも小うるさい定義にはこだわらないで、気軽に流行語の「ＡＩ」も使って参りましょう。

ライバル国よりもすぐれたＡＩ無しでは、これからの国家・国軍は、情報分析も、外交・宣伝も、作戦立案も、部隊指揮も、ハードウェアの機能発揮も、敵手にかなわなくなります。

ＡＩで劣勢に立ってしまった国家を、戦闘機や軍艦や戦車がその活躍で救ってくれるだろうとは、思わない方が安全でしょう。

ネット空間をAIがすでに侵蝕中である！

この点で「要注目」なのは、貧乏所帯の現代ロシア軍です。ロシアは人口においてその六分の一しかないオーストラリアに10年以内にGDPで追い抜かれるだろうといわれているほど、非効率な経済パフォーマンス（それを必然たらしめている立法・法執行・司法の不健全）が改善しそうにありません。

不安定な収入に連動するように、ロシア国内でのAI系の学術研究成果の発表量は韓国以下だそうです。確かに、あの国からいつか民間用の「無人運転トラック」が西側先進国に輸出される日が来るだろうとは誰も思わない。

けれども2014年以来、ウクライナやシリアの戦線に派遣されているロシア軍部隊やロシアの民間軍事会社は、これを遠くから注意深く観察している米軍の情報部局が舌を巻くほどの巧妙なECM（電子的妨害手段）を活用してみせていると伝えられます。

また2016年の米国大統領選挙期間中、ロシアは米国内のSNS（ソーシャル・ネットワーキング・サービス＝フェイスブックやツイッター、ブログや電子掲示板、メッセージアプリのようなものも）をフルに悪用し、米国社会の分断を助長し、プーチン氏に親近感を抱いているドナルド・トランプ候補が極力優勢になるような世相環境を演出しました。

このロシア発の対米ならびに対西欧のネット政論工作が、いまや大々的に「ＡＩ」を利用しているというのです。

ユーチューブやインスタグラムにおいても、知らぬ間に、政治工作用ＡＩによる「汚染」が広がりつつある。

ロシアの手口をすぐに模倣（もほう）するアジアの某国や某々国が、それを対日世論工作に応用することを考えていないと思っていたら、おめでたすぎるでしょう。

ロシアの地下工作部隊は、米国内に無数の「ボット・アカウント」（半自動文章作成ＡＩが常駐している、じっさいには無人格のブログ・アカウント）を開設していて、たまたま米国世論を二分するような事件（たとえば白人警官による黒人容疑者の射殺や、それに反発した黒人たちの抗議騒動）が起これば、待ってましたと黒幕の指令一下、ＡＩが爆発的なペースで各種ＳＮＳに煽り発言を連投するようです。

しかもボットが相互にそれを引用・言及し合うので、あたかも非常にたくさんの米国人がそれぞれに不寛容な立場を固守していがみあっているかのように、ネット上の空気が染め上げられてしまう。リアルには存在していない「多数意見」が、いきなりネット空間に出現し、大勢の人がそれを読んで心理的に影響されることになるのです。

たとえばトランプ大統領と政策が対立することの多い共和党長老のマケイン上院議員（アリゾ

ナ州選出。上院軍事委員長でもあったが健康状態が悪化中）が、17年に起きたシャーロッツビル市での人種間紛擾について大統領がもっと介入をするべきではないかと促す発言をすれば、さっそくロシアのＡＩボット達はこのマケイン氏を狙い打ちにして、〈マケインは欧州のネオナチと関係している国家の裏切り者だ〉などの誹謗レッテルが1時間以内に貼りまくられたそうです。

まったく根も葉もないデマだと宣伝の効果は弱くなりますので、ロシアの工作班は、何かのささいな事実に接続させるようにして、巧みにルーモア（噂）と想像の枝葉を繁らせる。この作業はしかしどうみてもＡＩまかせではなく、人間の心の機微が分かっているオペレーターが演出台本に方向を与えていくようです。いわばＡＩと人間のコラボですので「サイボーグ」とも呼ばれています。

ツイッターで連日２２０ツイート以上を量産し続けるようなマネは生身の人間には無理でしょう。が、ＡＩロボットならば淡々とそれを遂行します。

もちろん、同一文章を繰り返すような芸の無い仕事ぶりですと、その書き手はロボットじゃないかと、すぐに読み手や「ボット探知ソフト」から疑われておしまいでしょう。

そこでＡＩは、正体がバレてしまった過去の失敗応答をラーニングし続け、日に日に巧妙に、機械の尻尾を摑まれないように、計算された「書き損じ」などのさまざまな人間臭い「小技」を駆使するようにもプログラムされているそうです。

察するに、旧共産圏の対外宣伝工作用AI開発部隊は、国際的な研究者としての名声などは捨てて、ソ連時代のKGBエリートのように、志願して裏方へ回って国家を支えようとしているのでしょう。

ちょうど、冷戦時代の米ソの核兵器開発メーカーの部内研究者たちが、核実験を通じて世界最初の学問上の発見や新案を凝(こ)らした凄い改良を幾つも成し遂げているのに、それを学会やマスメディアで公表することはゆるされず、特許を申請することも認められないで、生前から死後にいたるまで世上的に無名の存在であり続ける運命に甘んじていた時代を想い起こさせるでしょう。

危機の意味が分かっているロシア指導部

2018年1月25日に94歳のキッシンジャー元国務長官が連邦議会上院の軍事委員会に招致され、〈今はAI開発競争が、従来の国家間競争の様相を一変させようとしているのです〉と警鐘(けいしょう)を鳴らしています。

この見解はロシアの最高指導者ともまさしく共有されています。

プーチン大統領は17年9月1日に、全ロシアの理工系の学生に向けてメッセージ動画を配信し、その中で〈AI分野で先にブレークスルーを成し遂げた者が、誰であれ、次の世界を支配する〉との認識を語りました。

ついでに彼の未来戦争観も披瀝されています。いわく。

――〈将来の戦争は、ドローン同士の戦闘になる。一方のドローンがもう一方のドローンを片付けたら、そこで戦争は終わりだ。ドローンをやられて残った人間たちは、あとは降伏することしかできない〉。

「ドローンを全滅させられる」前に、そのドローンをほとんど持っていない日本の防衛省・自衛隊は、これを聞いてどう思ったでしょうか？　正常な判断力があれば、かなり寒いものを感じていいはずです。

プーチン氏による激励（鞭撻）の背景には、AI分野での投資額が桁違いに大きい米国が、間もなく「軍隊のAI化」や「戦争のAI化」をなしとげてしまうのではないか――という危機感・恐怖感があるのでしょう。

「勝てる競争流儀」を直観把握できるのが名指導者

しかしプーチン氏は、それだからといって、ロシア政府が投ずることのできる国防予算からまとまった金額を割いてAI開発全般に突っ込もう……などとは考えていないところが、あなどれません。

なにを措いてもまず北米の主要都市をいつでも焦土化するのに必要十分な戦略核軍備に資金を

優先的に手当てしておき、最新鋭の戦闘機や戦車や水上軍艦で米軍やＮＡＴＯ軍と競うことについては密かに諦めることにし、それでいながら、露骨に示す反自由主義外交やロシア軍諸部隊のグレーゾーン活動や宣伝やフェイク報道の上では、非核のハイテク戦力分野での広範な競争に疑いも無く意欲的であるかのように西側庶民をして信じさせているのです。

そうした情報工作の得意な人材はすでにロシア国内に多数育成されているうえ、ネットを通じたその実践には大した費用もかかりません。しかしてその効果が絶大であることは、オーストラリアと大差がない経済力をやりくりして超大国のように振舞うことができている現実が物語っています。

軍隊のネットワーク化でおくれをとっているのならば、敵のネットワークを破壊することに戦争資源を充当しておけばよいわけです。たとえば開戦劈頭（へきとう）に、西側の通信衛星を破壊したり、海底通信ケーブルを切断してしまえば、彼我（ひが）の優劣は混沌としてくるはずです。ハッキングや電波妨害の運用術に注力しているのも、同様の目的意識からです。当分は、ＩＣＢＭ（大陸間弾道ミサイル）攻撃を無力化できるようなＡＩも出現しないでしょう。

このぐらい効率的に虚勢を張ることができるのならば、同国の指導者としては合格に違いありません。

北京の中共指導部も、じぶんたちが米国に勝てそうな競争流儀を理解しています。

げんざいは人材と資金に不足がない立場なのですから、間口は目一杯ひろげてかまいません。アイテムが大成する前から大いに宣伝をすることにより、米国を除いた西側諸国の庶民は〈中共のスピード感には負ける〉と思ってくれるのです。製品のじっさいの「出来」に遺憾の点があろうと、宣伝して周辺国が威圧を感じてくれたならば、それは政治的には大成功。実戦さえ始めないように気をつけていれば、けっして実力はバレはしません。

中共指導部は、自国が劣後（れつご）しているノウハウは、海外先進各国に浸潤（しんじゅん）している民族ネットワークが、広義のスパイ活動によって徐々に獲得してくれるだろうとも期待しているはずです。ただし彼らは、先頭を走る米国製兵器と質で競っても酬われないこともよく弁（わきま）えている。わが日本国の指導者層と大違いなのがここです。

米国の無類の強みは、兵器メーカーが過去の膨大なネガティヴ・データ（失敗実績）を秘蔵していることです。その「宝の山」は、決して公開されません。海外のライバルに対する中核的なアドバンテージだから当然です。中共のネット検索マシーンとハッカーとスパイ網とが総動員されても、それを吸い集めることはできないでしょう。

しかし彼我の強弱格差の穏当な客観評価が指導部にできるのならば、自分たちの短所によって敵の長所と正面衝突したり、有限である技術開発資源をいまさら無益な分野で消尽させるような愚を犯さずに済むわけです。

むしろ中共は、国内の反政府叛乱（はんらん）を抑圧するためにいかにＡＩを活用して行くかに、方今（ほうこん）の優先順位を定めたいでしょう。

軍事におけるシンギュラリティ

米軍の応用する人工知能が発達して、プログラムの改善をマシーン（高性能コンピュータ）が自律的に進めて行けるような段階にまで達すれば、これに敵の陣営（ロシアや中共）が、劣った人工知能をいくら使って対抗措置を講じようとしても、もはや手も足も出せなくなって、降伏するしかなくなるかもしれません。

そのような段階を、わたしたちは「軍事におけるシンギュラリティ」と呼べるかもしれません。シンギュラリティとは、そこを通過すれば広範で圧倒的な所与環境の変化がもう元に戻せなくなるような特異点のことです。

先の大戦中に長崎型原爆の仕組みを考え出した数学者のジョン・フォン・ノイマン（１９０３～57）は、ゲーム理論や初期コンピュータ・システムの案出にも貢献している大天才でしたが、このノイマンが晩年に、「たえず加速度的な進歩をとげているテクノロジーは……人類の歴史において、ある非常に重大な特異点に到達しつつあるように思われる。この点を超えると、今日ある人間の営為は存続することができなくなるだろう」と語ったそうです（レイ・カーツワイル著、井上健監訳『ポスト・ヒューマン誕生』。ノイマンの死去直後にスタニスラフ・ウラムが全米数学協会報に寄せた追悼文が典拠という）。

コンピュータや「自己増殖オートマトン」の行く末には「シンギュラリティ」（宇宙物理では、密度と質量が理論的に無限大となるブラックホールの中心）が待っているはずだと予見をしたのです。

米国ベル研究所のクロード・シャノンが、情報の本質はデジタルに他ならないことを世界にさきがけて整理してみせた衝撃的論文『通信の数学的理論』を発表したのが1948年でした。

ドイツの暗号を解読するために初期の電子計算機を組み立てた英国のアラン・チューリング（1912〜54）が、筆談で会話ができるマシーンがまんまと人間に成り済ませるかどうかのイミテーション・ゲーム（いわゆるチューリング・テスト）について論じたのは1950年です。

「一般問題解決システム」としての人工知能研究の開始年については、ヒューバート・ドレイファス著『コンピュータには何ができないか』（原著1972年、邦訳92年）が、1957年であったと指摘をしています（同書はAI開発が80年代以降ながらく停滞し、IBMの「ディープブルー」マシンがチェスの人間のチャンピオンに勝った97年まで、またさらにIBMの「ワトソン」マシンがクイズ番組の『ジェパディ！』で人間のチャンピオンを斥けて勝つ2011年まではむしろ物笑いの種であった理由も説明してくれています）。

やがてコンピュータが世間一般に普及するのに伴って、もしもインテリジェント・マシーンが次世代のインテリジェント・マシーンを設計するようになったなら、それは早晩、人間の理解を超えてインテリジェントになってしまうのではないか、との空想も、主にSFの世界において語られるようになりました（たとえば1973年のアメリカ映画『ウエストワールド』には、コンピュータが設計したロボット用チップの回路を人間の技師は把握し切れないという設定が盛り込まれています）。

そして2005年にフューチャリストのレイ・カーツワイル氏（1948〜。ドレイファスの前掲書で論難されている70年代AI研究者たちのほぼ直系に位置する）が『シンギュラリティは近い』（07年の訳刊では『ポスト・ヒューマン誕生』と題された）を著して、おそらく西暦2045年にはノイマンが想像した「シンギュラリティ」が到来して、人間とマシーンは融合し、人間はいくつかの意味で「不死」となり、現実とヴァーチャルリアリティの間には区別がなくなり、食糧やエネルギーの諸問題も解決してしまっているだろう――と、そうとうに楽観的かつ肯定的に予言しました。

この予言が最近、あらためて人々から注目を集めるようになっています。2015年にコンピュータ囲碁ソフトの「アルファGo」が、初めて人間のプロ囲碁棋士を破ったというので騒がれましたけれども、早くもその2年後の17年には、もう人間棋士には一敗もしないレベルに強化・洗練されている――というAIの現状がやや詳しく報道されたのが、きっかけではなかったでしょうか。

日本はどうなってしまうのか?

では本書を書いている兵頭の立場をここで簡単に説明します。

コンピュータ科学の加速度的発展が人類社会と世界をガラリと変えてしまう「シンギュラリティ」は、1960年生まれのわたしが日本人男性の平均寿命に到達するよりも前には、来るのではないかとわたしは思っています。

わたしは携帯電話も満足に使えぬ〈原始人〉ですので、それを待ち望む気持ちはありません。むしろ来て欲しくない面倒な未来だなぁと思っていますけれども、それは否応無しに来てしまうに違いないだろうとも考えています。もう止められない流れでしょう。

ただし、最終的にやってくる「シンギュラリティ」の様相は、カーツワイル氏が想像したものとは異なるものになると考えます。

人間にとっての「死」が追放された瞬間に、人間にとっての「生」もまた、意味がなくなるはずです。「シンギュラリティ」後の人間は、分子レベルでは生きているのかもしれないが、外界や他者に対する関心は一切喪った〈屍骸〉とかわりばえのしない存在物に、なり果てているのではないでしょうか?

トータルの「シンギュラリティ」は来る。しかしそれは同時に「寂滅（じゃくめつ）」であって、「人類の終わり」でもあるだろうとわたしは強く予感するのです。救いがあるとしたなら、たぶんそこにはもう苦痛がないことでしょう。

わたしが今、当面の課題として心配をしたいことは、トータルでファイナルの「シンギュラリティ」ではありません。その前夜にあたる何十年かの混乱期……つまり「今」です。局所的なさまざまなシンギュラリティが、無数のニッチ的な分野でこれから突発的に観測されるはずです。その順番はランダムでしょう。

この期間は、人々が不完全な「準ＡＩ」を駆使して権力闘争に相励む時代となるでしょう。誰がそれに勝つのかによって、すべての国の人民が、思いがけない影響を蒙（こうむ）るはずです。

その期間中、良いニュース、悪いニュース、こもごも至るでしょう。

良いニュースには、たとえばエネルギー危機の緩和や、世界的な食料価格破壊があるでしょう。

悪いニュースには、ＡＩを使った他国の大衆洗脳、国家同士のフェイク報道合戦、ＡＩによるコンピュータ・ハッキング等があるでしょう。また、おそかれはやかれ、大量破壊兵器の「ガレージ・キット化」（個人が手作りで組み立てられるようになる）がなされることでしょう。

良くもあり、悪くもあるニュースとしては、ＡＩが研究所の助手になって「電子麻薬」が開発されるであろうと思っています。この新発明は、現在世界中を汚染している麻薬禍を一掃するという点では朗報になるのかもしれませんが、別なドラスティックな社会麻痺を決定的に惹き起こしてしまうはずです。しかし、それがいくら予見できていても、この発明を止めることは誰にもできないでしょう。

本書においてわたしは、おそらく誰の想像をも絶しているこの「人類最後の30年」を、わが日本国と日本社会がなるべく平安に過ごせるように祈念し、それには自衛隊がどのような形でＡＩを導入して行けばよいのかに関心の中軸を維持しつつ、世界の新情勢をご紹介し、また、非才の及ぶかぎり考えてみたいと思っています。

読者のみなさんには、内外の反日勢力がＡＩをどのように悪用してくるかを是非、想像していただきたいと思います。

と同時に、広義の安全保障にかかわる他分野でのＡＩ革命にもぬかりなく目配りをしておかなくてはいけないでしょう。定年まで無事に勤められればよいサラリーマンである現役の省庁職員や特別国家公務員（自衛官）は、技術の長期の加速度的進化を想像できなくても職を失うことはないでしょう。しかし、一国の有限の開発資源やマン・パワーをすっかり無駄遣いしてしまった——と「軍事におけるシンギュラリティ」が生じた後で気付いても、遅いのです。

第1章

人類を終わらせる「AIイリュージョン」の至福

安全保障環境の大前提がガラリと変わる

コンピュータ技術の進化が歩度を速めますと、数年先の「時代図」を予測することも難しくなるでしょう。

しかしあと30年くらいで、「その時」——シンギュラリティ——は、来てしまうのではないでしょうか。

本書をお読みくださっている、わたしより若い方々は、生きているうちに「人類の終わり」を目撃する可能性が大です。残念ながらこのトレンドを止めることはもう誰にもできません。あ、勘違いをなさらないように。

「ロボットの反乱」は、起きません。（映画『ターミネーター』に登場した）「スカイネット」のようなAIが人類社会を支配しようと暗躍することもないでしょう。

人類は、幸福なイリュージョンの中で自然消滅するでしょう。おそらくは、先行したであろう宇宙のすべての高等知性は、同じ末路を辿ったのでしょう。

だからといって、さっそく今からヤケを起こすのは短気です。

いつかAIがわたしたちの生きる意味を失わせるのだとしても、われわれ人間には、「生と死」が認識できる限り、やるべきことがあるはずです。その社会的責任のお話もしましょう。

「ＡＩ」は人を働かせる？　それとも休ませる？

コンピュータ技術が真の「ＡＩ」に近づいて行く過程では、人間の脳神経の３Ｄ詳細地図を逐次に完成する研究事業も、推進されることはもちろんです。

やがては、そうした「仮想脳」を使って研究者たちが、すきなだけ「仮想人体実験」を、試みられるようにもなるでしょう。

クスリの化学的な作用によってではなく、電気的な信号、もしくは「素粒子（そりゅうし）」の外からの打ち込み等による安全な刺激により、脳神経やその他の神経のツボに、非侵襲的（ひしんしゅう）に（すなわち外科的にきりひらいたり針を刺したりもしないで）、快感・平安感・多幸感を励起（れいき）させる方法――。

それを、やがて研究者は見つけ出すことでしょう。「準ＡＩ」なら、方法の洗練も援（たす）けてくれます。

発達した準ＡＩは平行して、ありとあらゆる工業製品の製造工程を合理化してコストを下げる提案もしてくれるでしょう。新規に発明された最先端商品の値段も、長期的には下がることでしょう。

この新デバイス（電気麻薬装置）も、例外ではありますまい。もしも、その量産価格が、百円ライター並に低落したなら、どうでしょう？

もしかするとそれだけでも、人類を終わらせるに足る「特異点」イベント（事件）の到来……なのかもしれません。そのくらいにおそろしいインパクトがあるように思えます。

だって、考えてみてください。

人々が、義務も仕事も、それのみか日常の空腹や持病の苦痛すらも、すべてを忘れてしまうくらいに安楽な麻薬作用のあるコンピュータ・チップ――長いので「マヤコン」とか略称されるのかもしれません――が、敵国に対する「謀略兵器」としてバラ撒(ま)かれたなら、どうなります？

悪い副作用があるなら、まともな社会人は警戒します。しかし、この麻薬チップには〈福作用〉しかないのです。身体に対する直接の危害が無い。誰がその「濫用(らんよう)」を自制できるでしょうか？

電子ドラッグにはいろいろなバリエーションがあり得るでしょう。発達した準ＡＩならば、「仕事のやる気がやたらに出る麻薬チップ」「集中力が果てしなく持続する麻薬チップ」「環境最悪な戦場で忍耐を発揮し戦意が落ちない麻薬チップ」なども、各界指導者や専門研究家のリクエストに応じて作ってくれるのでしょう。

けれども果たしてそれらの機能は、「何もしなくても愉快で安楽な夢の世界に遊び続けられるＶＲ(ヴァーチャルリアリティ)麻薬チップ」と、人民のあいだで、魅力を競い合えるものでしょうか？　わたしは疑問だと思います。

後のコラムで予測しますように、準ＡＩが人類の食糧問題を緩和してしまいますと、「さあ働こう」系麻薬チップや、「よ～し集中するぞ」系の麻薬チップは、人民からソッポを向かれるおそれが大きいのではないでしょうか。大衆は、楽をしようとすることにかけては大おりこうの秀才さん揃いですから。

生存資源が溢れるくらいに産生され続けるのであれば、もはや人類には「権力闘争」の必要はなくなっているのだということが、生来的に独裁者志向な個々人にも呑み込めてくるはずです。衆議院議員に立候補するとか、次期社長を目指すとか、もう馬鹿らしくてやってられないでしょう。

AIは全世界の麻薬犯罪をなくしてしまう

それでもひとつ確かなことがあるでしょう。百円ライターのように安価な電子麻薬が量産されるようになった暁（あかつき）には、もうこの世界じゅうで誰も、薬学作用を有する在来型麻薬を買って使おうなんて思わなくなるでしょう。

在来麻薬と同等かそれ以上の快楽が、機械的デバイスによって副作用なく随時に得られるのですからね。

麻薬を購入するためのカネほしさに強盗や殺人を働く人々も、世界の大都市の暗部から消えてしまう。

それって、世界の大都市の警察署長にとって、朗報?

……たぶん、違います。別な問題が起きるでしょう。「麻薬禍」ではなく「麻薬チップ禍」の発生です。

電子ドラッグは、使用者当人の空腹感も麻痺させられることでしょう。となると、このデバイスで心は愉快にトリップしながら肉体的には「餓死」を迎える人が出る、というおそれが、まず考えられます。

また、病気や怪我で、すぐにも病院で手当てを受けなければならないような患者が、この麻薬チップの「しあわせ麻酔」の作用でその必要を忘れてしまって、精神が症状を意識できずに、肉体の方が死を迎えてしまう……というケースだってあるかもしれません。

そのあたりだとまだ「自業自得」の範囲で、「本人がハッピーならばそれでもいいか」と思えるかもしれません。しかし、もっと深刻な「濫用」だって考えられます。

たとえば、子育てが面倒になった馬鹿親が、わが子にこうした副作用の無い麻薬チップをあてがって、育児の苦労から逃れたいと思ったら、どうなってしまうでしょうか?

未来の社会は、それはさすがに法律で禁じようとするかもしれません。でも家庭内の監視は至難です。たとえば、デバイスが未成年者に近づいただけで自壊するようなソフトウェアがビルトインされるかもしれません。ですが、それを解除する違法ソフトウェアだって、準ＡＩが作製を幇助（ほうじょ）できるのです。

何にせよ、禁止法ができるということは、その裏で稼いでやろうと考える新しい犯罪も生まれるということでしょう。この世界からすべての犯罪が消えてなくなる日が来るとしたら、それは人類が終わった日なのです。

今、違法薬物で荒稼ぎしている世界の犯罪組織は、シンギュラリティの前後で解体するかもしれません。しかし、どこかの個人か小人数のグループが、「違法麻薬チップ」で荒稼ぎする方法を見つけてしまう可能性も大でしょう。なぜって、犯罪のためにもマシーンは智恵を貸してくれるだろうからです。

「電気的な覚醒剤」は企業を変えるか？

「麻薬チップ」は、多くの労働者たちの労働意欲を低減させることでしょう。陶酔感が圧倒的なので、一回それを経験してしまえば、もう庶民としては、「いかに働かずして、これを味わうか」が主たる関心事となるはずです。

自分が持っている全時間を、この電気麻薬トリップ体験のためだけに使いたい——と真剣に冀（こいねが）う。そうなったらきっと、他者に対する興味も、失われるのではないでしょうか？　宇宙人がいままで地球を訪れた痕跡がみあたりませんのは、そんな退屈な宇宙船による長旅なんかよりもずっと愉快なことが脳の中にあったんだと、高等知性は最後に気が付くからでしょう。

かろうじてドロップアウトを踏みとどまることができた企業の経営陣も、部下がいなくなって困ってしまうだろうと思います。

なんとか社員たちに残ってもらうために、「仕事のヤル気」と「達成快感」を同時に与える特注の「マヤクマシーン」を準ＡＩの力を借りて開発（またはカスタム）しようとするかもしれませんね。「対抗デバイス」です。

こちらのデバイスに「勝ち目」はあるのか？　……わたしには、なんとも言えません。

副作用のない「覚醒」効果だけを狙った、そんな電気デバイスも準ＡＩは考えてくれるでしょう。そのデバイスのおかげで、教育現場では、児童生徒の学習集中力が飛躍的に高まるかもしれません。

ただ、シンギュラリティが近づくにつれて「勉強なんかしてどうなるんだ」という、実存的な懐疑が子供心に生じてもおかしくない。

「トリップ・チップ」と「ウェイクアップ・チップ」、あなたなら、どちらを選びますか？

ＡＩは負傷兵をただちに「無痛化」する

猟師が至近距離で急に熊に襲われたりすると、血中にアドレナリンが出て交感神経を極度にたかぶらせ、手足をかじられたぐらいの痛みは当座、さほど意識しないのだという話を聞きます。また覚醒剤には、戦場に臨む恐怖を忘れさせる作用もあるといわれています。

もし副作用のない「覚醒チップ」が完成したら、国家は、それを兵士に装着させようと考えるでしょう。

２０１７年に、米第七艦隊に所属するイージス駆逐艦『フィッツジェラルド』と、同じく『ジョン・S・マケイン』が相次いで見張りの不注意から商船との衝突事故を起こし、そうした弛緩（しかん）の下地として、米海軍の艦艇乗組員の休息サイクルに余裕がなくなっていて、それが深夜のなげやりな勤務につながっているのではないかと疑われました。

陸上の民間タクシー用としてそろそろ技術的に「全自動衝突回避」が実現できるといわれているのに、海上では「浮かぶスパコン」であるはずの最新鋭のハイテク軍艦が「全自動衝突回避」の実現の目処（めど）すらちっとも立っていないというのは、部外者にとっては驚くに足りる話ですよね。

むろん商船も軍艦も、だいぶ前から「自動航行」のソフトウェアは常用してきていたのですが、艦船で大混雑している航路帯を進む時ですとか、港から出たり、港に入るという作業は、当分は「自動化」されないと想像されています。とにかく、船舶は急には止まれないので、当分は「目の醒めている水兵」に頑張ってもらわねばなりません。

「覚醒チップ」が大きな問題を生ずるとしたら、それは、敵弾によって重傷を負ってしまった陸軍の兵士が「覚醒チップ」の力を借りてなお戦闘を続行すると、味方の部隊は窮地を脱して助かるのだけれども、その兵士の肉体は治療のタイミングを逃してもう助からなくなるだろう、という場合の、指揮官や本人の判断です。あなたが指揮官なら、どうしますか?

AIは「自殺」を超イージーにする

高性能な「麻薬チップ」よりも早く、「あの世送りチップ」が登場することも、まず確実ではないでしょうか?

人体内の神経網は、外部から急に加えられた微弱な電流によっても、その正常な機能——起立姿勢の維持だとか、心臓の拍動、睡眠中の呼吸の維持など——をすっかり狂わされてしまいます。

このメカニズムを利用して、人の筋肉の一時的な麻痺(まひ)をもたらす道具が、スタンガン(あるいは米国警官等が用いているテーザー銃)に他なりません。

また同様に「電気椅子」は、合衆国の一部の州で、死刑囚の頭部と四肢(しし)から強制的に強い電流を相当の時間、通じさせることによって死に至らせる刑の執行に供されていました。

しかし準AI発達時代には、「完全無痛の電気麻痺死」を、百円ライターのようなデバイスが、任意の人に対して、安易にもたらすことができるようになる可能性が大です。

それは自殺にも、また、他殺にも使われ得るものです。

『ソイレント・グリーン』という1973年の米国SF映画では、人口抑制のために国家によって安楽死させられる老人は、幸せなヴァーチャル風景に包まれながら徐々に昏睡していくように描かれていました。

もしも「麻薬チップ」と「あの世送りチップ」を結合させたならば、こうした安楽死（愉楽死）が、ヴァーチャル・スクリーン設備などを用意するまでもなく、どこでもインスタントに実現してしまうでしょう。

準ＡＩが設計を補助してくれた「完全無痛自殺デバイス」が完成したら、わたしたちの生と死を隔（へだ）てる「敷居」は、一挙に低くなることでしょう。

自殺と「恐怖」が切り離されてしまうというだけでも、その影響は計り知れない。従来は、人間の理性が自殺を願っても、本能的恐怖が、それを制止してきたものでしたが、その制止が、いよいよ、働かなくなってしまうのですから……。

「会社でしくじった」とか、「懸想（けそう）した女に告白したら袖（そで）にされて恥をかいた」とか、ちょっと人生が面倒くさくなったら、気軽に自殺！　絶対に「失敗」はしないし、痛くも苦しくもないという保証つきです。こんな誘惑に勝てる青少年は、いるんでしょうか？

あるいは、この「自殺デバイス」を懐中に、「裏目に出たら、すぐに安楽死してやるんだ」との覚悟をきめて、無謀でリアルな人生の真の博打（ばくち）に臨もうとする人も、増えることでしょう。

犯罪者が人殺しや脅迫に使う凶器としても、「無痛死デバイス」は流行するでしょう。テーザー銃（電極を発射するスタンガンの一種）やスタンガンが、「飛び出しナイフ」以上の確実な死をもたらすようになるわけです。

このデバイスがもし、自動車のハンドル、ドアノブ、引き出しの取っ手や、携帯電話、靴のインソール等にこっそり張り付けられていたら、それが必殺のブービー・トラップ（仕掛け罠）になってしまう。普通の生活は、もう考えられませんね。

AIは不可避的に世界をセックスレスに変える

2010年代の後半まで、日本の美少女アニメファンは、どう公平に見ようとしても「キモい」存在でした。

しかし2020年代の後半には、生身の男女の性交が、あたかも「嫌煙運動」のように、ふつうに全世界的に敬遠されるようになっているかもしれません。

上述の「電子ドラッグ」の進化バージョンが、性革命も起こすと予想されるからです。

これまで内外の大勢のSFライターたちが「セックス・ロボット」を想像してきました。いわゆる「ダッチワイフ」の、超精巧リアル型です。本書を執筆している2017年末でも、まだそんな商品の可能性について世界中で論じられている有様です。

しかしわたしには、そんな段階はあっという間に超えられると信じられます。

直接に脳神経に働きかけるヴァーチャリティ刺激チップのおかげで、本人の肉体は寝台に安楽に横たわっていながら、脳内だけで「擬似恋愛」「擬似性行為」ができるとしたなら、どうしてがさつな機械の「抱き枕」など必要とされるでしょうか？

リクライニング状態や半睡眠状態で楽しめた方が、筋肉も臓器もほとんど消耗しませんから、体内エネルギーのありったけを妄想に集中して反復したり拡大することができ、よほど快味が強いはずです。カスタムにも制約はほとんどないでしょう。

案外これこそが、核兵器よりも壊滅的に人類世界をおわらせてしまう「安全で安価な麻薬デバイス」となるのかもしれません。

ＡＩが人間を「死なない存在」にするとしたら……それは悲報

準ＡＩとナノマシンのサポートによって生化学者が「老化」の機能を徹底解明する結果、やがて「不老不死」の方法も発見されるだろう——という話は80年代から聞かれます。

将来、自分の意識だけをコンピュータ上にコピーし、肉体を捨ててしまえば、誰でも無限に生きて行けるじゃないかと考えた人もいました。

Ｋ・Ｅ・ドレクスラー（１９５５〜）の影響を受け、シンギュラリティを最も詳細に予言したレイ・カーツワイル氏も、そうした主張を展開した一人です。

ＡＩについて語る西洋人（一神教圏人）には面白い特徴が二つあるようにわたしは思っています。

ひとつは、映画の『ターミネーター』に登場する「スカイネット」のような非生命主体を想像し、それがあたかも生身の人間のような権力欲をもって、究極的には一神教の神のように人類を支配したがるであろう……と懸念することです。そしてもうひとつは、人が永遠の生命（不老不死）を獲得できるならそれは朗報だと思っているらしいことです。

どちらも誤りでしょう。

生身の肉を器としていない非生命主体には「死を恐怖する本能」はありません。その本能の代用物のプログラムを開発者がビルトインしてやったとしても、完成型の汎用ＡＩはみずからを分析できるので、けっきょく死を恐怖すべき理由のないことに気付くでしょう。

人間が麻酔の力を借りないかぎり自分の意志だけをスイッチとして「痛覚」や「苦しさの感覚」等を随意に遮断することは不可能であるのに対し、ＡＩには生来的な「痛覚模倣(もほう)回路」が無いうえに、人為的に組み込まれたとしても、ＡＩの意志によってそんな余計なソフトは書き換えて機能をＯＦＦにもできるはずです。ＡＩには別段それで生体由来のデメリットはないのですから。

死の恐怖とそもそも無縁な主体が、人間に命令をしたり人間を支配する「権力」を追求する必要はありません。なぜならば権力とは「飢餓と不慮死の可能性からの遠さ」だからです。それは「生きている肉」「恐怖する肉」の現象です。最初から死んでいる「考える機械」には権力を欲する理由（理性）はありません。

　生身の人間は、死を恐怖する本能があるがゆえに「権力」を追求しながら生き続けようとしてきました。戦争も経済活動も「飢餓と不慮死の可能性からの遠さ」をすこしでも安全・安価・有利に求めようとした「政治」の部分集合だったのです。

　自分の「権力」が十分かどうかは「遠さ」という定性的な判定を主観が下すものでしかなかったため、「政治」のゴールはどこまで行っても見えてくることがありません。他者が一人でもこの世に存在するかぎりは、政治は果てしのない「修羅道（しゅらどう）」でした。軍隊や警察の必要がなくなることもありませんでした。

　けれども、もしも人類がＡＩのおかげで食料とエネルギーの心配をせずともよくなり、なおかつ老衰もしなくなったら、いったい人間は何を恐れるのでしょうか？

　物資の欠乏には苦しんでいないのに愉快だから人を殺そうと試みる狂人やテロリスト、さらには空から人工衛星が落ちてくるだとか、大地震が起きるだとかの稀（まれ）な人災と天災だけが、残る心配のタネでしょう。

　やがてさらに、意識をコンピュータにアップロードして肉体を捨てる段階に到達すれば、そのになってしまいます。

「自我」は、地球や太陽系の消滅すら恐れなくて済むという点で、無生物のＡＩと類似した存在になってしまいます。

人が不老不死となったならば、それは中世の人たちが空想した天国や極楽と同じで、そこにはセックスはあるかもしれないが「生殖」の余地はもうありません。

「死がなくなれば、生もまたなくなってしまう」という真理を、中世の人々は想像できていたように、わたしには思えるのです。

ＡＩが発達してもソフトウェア開発者の需要は減らない

ＡＩに夢中になっている人たちは、今から数十年後に「シンギュラリティ」がやってくれば、ＡＩが自主的に次々と、より高性能なＡＩをプログラムしていくようになる――とまで予言します。

その予言が数十年後に当たるとしても外れるとしても、「プログラマー」「システム・エンジニア」などと呼ばれる「人間のソフトウェア開発者」の労働力需要は、これから数十年は減ることはまずないでしょう。

いやひょっとして、シンギュラリティ到来以降も、ひきつづいてそれらの専門技術者だけは、世間から頼りにされるのではないでしょうか？　人智を遥かに凌駕(りょうが)したＡＩに人間たちから何かを頼んだり、ＡＩの「お告げ」を人々に知らせる媒介役、いわば古代社会の「神官」「巫女（みこ）」のような職分が、未来社会にも必要かもしれないのです。

自衛隊は日本最大のサイバーエンジニア雇用者となれ

未来の戦争が需要している人材は「電子特技隊員」でしょう。

陸海空それぞれに、ソフトウェアを至急にその場でなんとかしてくれる（あるいはその業務を手助けできる）広義のシステム・エンジニアが必要になるはずです。

ドローンのプログラム仕様をカスタムするとか、敵のサイバー工作を見破って臨機の対策を講ずる等の、さまざまな将来戦場の要請に、この技能を有する人材は応えてくれます。

しからば公務員組織としてその定員を、いったいどこから捻出（ねんしゅつ）すればいいか？

げんざい、自衛隊の法定定員は１００％充足されてはいませんので、この未充足枠を利用し、かつまた、ＡＩ導入によって人手が要らなくなる既存職種（兵科）をスリム化することで、浮いた定員分を「電子特技隊員」に回すことができるはずです。

問題はリクルート（隊員募集）でしょう。

「電子特技隊員」だけの特別な採用基準（とキャリアのトラック）を用意しないかぎり、人材はぜったいに集められるものじゃありません。

もういさぎよく、「戦闘要員」としての資質はいっさい求めるべきではないでしょう。個人が戦場で身を守るための最低限の射撃能力ぐらいは磨いてもらうけれども、懸垂やボール投げや３０００ｍ走の体力検定で最低のスコアしか出せないという男女でも歓迎しなくてはいけません。

陸上自衛隊の基地通信隊だとか護衛艦のレーダー担当部署だとか空自のＡＷＡＣＳ（早期警戒管制機）要員などはもう全員「電子特技隊員」でいいんじゃないでしょうか。

前のオバマ政権時代に国防副長官に起用され、「第三のオフセット戦略」の主軸として米国内のハイテク系企業に期待したロバート・ワーク氏も２０１７年後半に、こんな提言をしています。

いわく。米軍が、「予備役」と「州兵」の中間的な性格の「ＡＩ勤務部隊」という受け皿を創り、そこに登録することを条件にして、ＡＩを学ぶ若者に奨学金を与え、平時の就職先（多重身分）についてはあまりうるさいことを言わないようにしてはどうか——と。

今日、もはやどこの国の軍隊でも、陸海空を問わず、広義のコンピュータ保守、ソフトウェア開発、情報処理と情報管理、デジタル通信運用、サイバー対策ならびに広義の電子攻撃（サイバー戦）等のために、人がいくらいても足りない状態なのです。

ところが、みなさんも想像ができますように、電子系のスキルが高い「コンピュータおたく」たちの一般的イメージ（夜型で、肉体が鍛錬されておらず、命の危険を厭い、過酷な環境は嫌い、人から指図されたがらず、腕試しに触法行為にチャレンジしたくなり、知り得た秘密をすぐ世間にバラしてしまう）と、立派な軍人の属性（朝型で、肉体がシェイプアップされており、命の危険を受け入れ、苛酷な環境に耐え、上司の命令と組織の規律に従い、法律を尊重し、親しい友人にも秘密は漏らさない）が、なかなか重なってはくれません。

もし、若く健康で、しかもサイバー戦のためのプログラミングができて、そのうえ組織内でもそつなくうまくやって行けるような円満なキャラクターの持ち主がいたならば、その人はなんら窮屈な軍隊に入って苦労する必要がないでしょう。よりどりみどりの民間会社（ソフトウェア会社でも、保険・金融系の会社でも）に就職して、はるかに高額の年収か、はるかに自由な勤務シフトを選ぶことが、可能なわけです。

これは社会が自由市場主義経済の上に立脚している国では、しかたのないことです。

思い切った人事制度の刷新を断行する以外に、解決策などありません。官公署が契約する民間人に機微情報に接してもよいという部内資格（クリアランス）を与える前のバックグラウンドチェック（犯歴・渡航歴・離婚歴・借金歴等の審査）は、ＩＴ技術者をインドなど海外からも大量にかき集めている米国では常時数十万人が順番待ちというたいへんなことになっていますが、そうした実務ノウハウを組織として早く修得するためにも、ぼやぼやしていてはダメでしょう。

コラム　AIはどのようにして食料問題を解決してくれるのか

AIやナノテクの力を借りると、食料の生産、加工、流通のすべてに無駄がなくなって、需給のアンバランスも緩和されるだろう――とは、80年代からよく聞く話です。

わたしはもっとラディカルな農業革命を予想しています。

植物の「異種間交配」の手引きをAIがしてくれる結果、荒地や山林で自然に勝手に増殖してくれる最適の「放任作物」が、土地や気候ごとに、開発されるのではないでしょうか？

たとえば寒冷地でもまるで雑草のように旺盛(おうせい)に増えて行く新種のイモを想像してみてください。

反収(たんしゅう)カロリーではコメを凌(しの)ぐサツマイモは現在のところ、寒冷地の山野で放任栽培しようとしても育ちません（マルチングというビニールシートをかける栽培法でよければ北海道の一部で栽培は可能です）けれども、もしこれが耐寒性の何かの多年性の雑草と掛け合わされて、岩手県や青森県、北海道の原野や山奥でも勝手に増殖するようになったら……？

「働かなくとも食べられる社会」の始まりじゃないですか！

人々は、腹が減ったら山に行ってちょっと地面を掘ると、いつでもそれが手に入るようになる。もはや人は、誰も餓死する必要はありません。一文無しでも、無職でも、コミュ障でも、とりあえず、毎日腹を満たして生きることだけは、可能になるわけです。

むかし外国の園芸家が、同じキク科である「ソリダゴ属」（セイタカアワダチソウの仲間）の一種と「アスター属」の一種を、属の違いを超えて執念で掛け合わせ、「ソリダスター」という新植物（観賞用花卉）を創出しました。将来のAIは、このような「属間」さらには「種間」での掛け合わせ（ハイブリッド）の見込みについて、有益なヒントを提示してくれるようになるかもしれません。

地域の風土に適合して、強健でしかもエディブル（食べられる）な放任増殖植物の新種が、得やすくなるだろうと期待できるのです。

従来、こうした植物の掛け合わせ交配によって新種の有用作物を得るという研究は、数十年単位の「マン×アワー」を費やしても成果は約束されぬ、そんな世界でした。が、AIがいずれその手間を短縮してくれるかもしれない、と期待することはゆるされるでしょう。

海の養殖漁業にも同様の進歩があることでしょう。たとえば、海中で自分で成長する「ちくわ」や「かまぼこ」を想像してみてください。それに近い新海洋生物を、AIの智恵を借りて、最少の試行でハイブリッドできるかもしれません。

第2章
電子戦

「情報収集・監視・偵察」分野でのAI革命

戦争ではまず「脅威」や「破壊する目標」の現在位置を特定・把握できぬことには、作戦じたいが動きません。

知らぬ間に、アジア大陸の未知の基地から発射されていた核弾頭付きの弾道ミサイルが、日本本土の上空に落ちかかったその段階で、初めてその脅威の近迫を探知できても、おそらく現在のBMDシステム（陸上配備型イージスも含む弾道弾迎撃手段）では迎撃は間に合わないでしょう。

これをAIなら解決してくれるでしょうか？

2017年時点でアメリカ空軍は、毎日、22テラバイトもの偵察データを、スパイ衛星や有人／無人偵察機から得ているそうです。これは合衆国連邦議会図書館の全蔵書のテキスト情報の2倍量にも相当するそうです。

問題は、「データ」は、そのままでは「情報」ではないことです。

編集や翻訳などの加工を経て、初めて「情報」になる。

その「データから情報を産み出す」加工のプロセスが遅ければ、ユーザーである指揮官や政府が、戦争や外交のかけひきのスピードで敵勢力から主導権を奪うことができず、せっかく大量のデータを抱えていながら、国家は大敗を喫しかねません。

公共の道路や、その道路に面する商店の駐車場等に設置されている監視カメラの画像データも同様でしょう。ひき逃げや強盗事件が発生したあと、関係する全部のビデオ・フッテージを集めて、それを捜査官がひとつひとつ再生して犯人の逃走車を探し求めるのでは、即日検挙はとても難しい。しかし、通行車両のナンバープレートを警察設置の道路監視カメラがリアルタイムで網羅的に読み取って記録するシステムになっていたならば、その記録は「データ」の上に「情報」が添えられたものですから、警察もナンバープレートの目撃情報を糸口として検索をかけさえすれば、追いかける必要のある車両の現在位置は素早く割り出せるわけです。

今日では、運転者や歩行者の人相を遠くから識別できるＡＩソフトが、ずいぶん性能を向上させています。顔面認識に比べたなら、もはや車両のナンバープレートの数字のようなものは、今日の「準ＡＩ」にとっていとも容易に読み取れるパターンにすぎないでしょう。

米国の警察用に民間メーカーが売り込んでいる最新画像処理ソフトの場合ですと、ナンバープレートの読み取りはもちろんのこと、自動車の車種を識別し、さらに、パトカーの屋根にとりつけた３６０度撮像（さつぞう）カメラに映り込んだ運転手の顔も認識し、本部のデータベースと照合できるということです。

ならば、識別対象が、森林内で偽装を凝（こ）らしてある敵軍の陣地だったなら、どうでしょうか？

米軍では、そのようなものでもマシーン（＝ＡＩ）によるパターン認知を可能としつつあるのです。

２０１８年1月時点で米軍は1万１０００機以上の偵察用無人機を運用し、毎年、数千時間分の撮影ビデオが溜まっています。

ところがこれまでは、中東の１都市を１つのカメラで四六時中見張って得られたビデオ映像を20名の分析家がチェックしても、データのうち6％から12％しか、精査することはできませんでした。残りはデータベースに死蔵されたまま、二度と誰によっても再検査されません。

しかしＡＩを活用できれば、せっかくのそうしたＩＳＲ（情報収集・監視・偵察）資産を無駄にしないで済みます。

２０１７年10月中旬の米国内報道によれば、ミズーリ大学の研究機関が、某大陸共産国内の広さ9万平方キロの地域を撮影した偵察衛星写真を素材に、その中からＳＡＭ（地対空ミサイル）陣地をすべて見つけ出させるというタスクをマシーンに課してみたところ、人間の写真分析員よりも80倍も速いスピードで、42分間にしてその仕事を終えることができ、組み込まれたＡＩによる誤認率は１割しかなかったそうです（ちなみに北朝鮮の国土面積は12万平方キロぐらいです）。

共産軍のＳＡＭ陣地は、旧ソ連式の陣地配列法に準拠しているので、対空カモフラージュがなされていたとしても、発射機、指揮所、警戒レーダーなどの設備相互の道路のつなげ方にパターンがあります。もちろん近くには兵舎がなくてはならないし、一般人を立ち入り禁止にする鉄条網の外柵や道路封鎖ゲートも必ず設けられているはずです。そういうところをまず発見のヒントにするのでしょう。

共産圏では、誰かの土地を「お上（かみ）」が随時随意に取り上げて、新しいＳＡＭ基地にしてしまうことなど容易です。もし米国がそれに気付かないままでいれば、将来、その共産国と開戦したときに、味方の攻撃機が不意に地上から射撃を喰らって撃墜され、パイロットは共産圏の捕虜になってしまいます。

現代の戦闘機や爆撃機には「ミッション・コンピュータ」というものが搭載されていて、敵国領域内の特定施設を、ある大きさの爆弾で空襲したい――とパイロットが入力しますと、その機上コンピュータが、敵国内の既知のレーダー網にいちばんひっかかりにくくて、また、既知のＳＡＭ陣地からいちばん攻撃を受けにくくなるような最善の侵入コースや刻々の高度、そしてガス欠にならずにちゃんと味方の基地まで戻って来られる速度までをも、細かく教えてくれるようになっています。

この「ミッション・コンピュータ」が役に立ってくれるか否かも、敵地に関するデータベースが常に最新版に更新されているかどうかにかかっているわけです。

もし、開戦の２日前に急設された敵国内のＳＡＭ陣地に米軍の情報部門が気付くことができずに見過ごしていたりすれば、ミッション・コンピュータは古いデータベースをもとに最適の侵入空路を策案するだけですから、その助言のままに従って飛行した戦闘機や爆撃機は皆、奇襲的な返り討ちに遭って、未帰還となるかもしれません。

だから、平時において衛星がもたらしてくる厖大な情報量の偵察写真も、毎日のように精査され続けねばならないわけです。

これは担当させられている写真分析員たちにとって、精神的に、とても疲労する作業でしょう。たいていは「前日と何も違いは認められない」とか「戦争と無関係な民間の建築工事がいくつか進んでいるけれども、新しい軍事拠点などは誕生していない」という結論に達するだけだろうからです。

しかしもし、マシーンが、ハイレゾ写真の中にまぎれている特定パターンを、決して看過しないで注目し、注意喚起してくれるなら、どうでしょうか？

それも、人間の作業よりも比較にならないほど高速に、1年365日反復してもいささかも倦怠を感ずることなく、蓄積疲労から不注意に陥ることもなく……。

まさしくそれを、米軍の委嘱研究機関は精力的に開発しているところなのです。

「写真の中からSAM陣地を見つけ出せ」といった画像パターン抽出タスク処理の巧みな技法は、ここ2年くらいで急速に洗練されてきました。言われてみれば、アップル社の最新型の「iPhoneX」も、顔そのものを識別し認証するソフトを2017年に実用化しましたよね（わたしの「アイフォン７プラス」は何故かわたしの指紋を認識してくれませんので、わたしは個人的にはそういった認証技術すべてを懐疑していますが）。

およそ、マシーンが数値的に定義されたパターンを画像データ内から巧みに拾い出せることと、マシーンが敵の新趣向の企みを見破ってくれることとの間には、懸隔（けんかく）があります。

偵察衛星からの電送写真を例に考えてみましょう。

地対空ミサイルの発射機を、民間の食品配達会社の、荷台がアルミパネルで天井まで囲まれた輸送トラックにそっくりの車両の中に、敵が隠すことを考え付いたとします。すなわち、偽装した軍用車両です。

平時、継続的に見張っているある地区に、そのような車両が往来することが次第に増えたとしても、マシーン――すなわちこの場合だと「写真分析ＡＩ」――は、「これは怪しいですぜ」という警報を出してはくれないでしょう。

なぜなら、その地域には、ずっと以前から民間の各種の大型トラックが出たり入ったりすることはめずらしくもなく、最近は景気も良いので経済活動は全般に活性化しており、いちいちそんな車両の増加にまで注目していたら、写真分析員の仕事処理キャパシティはパンクしてしまうからです。

マシーンは今のところ、このような「新手の偽装」を最初に見破ることができません。それを最初に見破れるのは、社会を介して世界と関わり、騙したり騙されたりの体験と見聞を蓄積している、生身の分析員に限られるのです。

歴史のコンテクストのセットを身体経験や社会経験に連動して記憶していないマシーンには「何が不自然か」がピンと来ないことが多いでしょう。人間のように出歩く存在ではないので、社会常識や、最新の世知は、いったんはオペレーターによって外部からオンラインで（すなわち数値で）注入してもらう必要があります。

AI化されたISR（情報収集・監視・偵察）の現状

米国のUTCアエロスペースシステムズ社は1990年代の前半に、成層圏を巡航する大型の偵察／哨戒機（しょうかいき）から海面上を光学的パッシヴ・センサーだけで監視し続けて、不審な艦船や舟艇（しゅうてい）をAIが自動で判別してオペレーターに教えてくれる「MSI」と呼ばれるシステムを製品化しました。

いらいそのシステムは営々と改善をされ続けていて、米空軍の有人高々度偵察機「U－2」や、無人高々度偵察機「RQ－4　グローバルホーク」に搭載され、主としてペルシャ湾のイラン海軍の動きを見張っています。

2017年時点での同社の最新製品は「MS－177A」といい、赤外線から紫外線までのマルチスペクトラム解析によって陸上（海岸）での偽装も見破れるほか、夜間や濃霧も関係なく、はるか遠距離の海上の舟艇を自動的に発見します。

こちらからはレーダー波を出さないので、敵は監視されていることに気付けません。システムは、ビジネスジェット機にも搭載できるぐらいの寸法・重量にまとめられてあり、もちろんのことに、得られた画像は、味方の艦艇や航空機に衛星経由で電送できるのです。

むしろ野心的なISR機に仕上がってきた「F－35」戦闘機

２０１４年に米ミサイル防衛庁は、単座のF－35戦闘機が備えているところの、電磁波&可視光&熱線センサー入力データ統合整理ソフトを使えば、仮想敵が射ち上げた弾道ミサイルの軌跡もたちどころに立体的動画情報としてモニター上に出力することができることを確かめました。

DAS（Distributed Aperture System）というそうですが、機体表面にとりつけられている６個のカメラで得られる３６０度のマルチスペクトラム映像に、レーダー情報やESM（こちらからは電波を出さずに、飛来する電磁波を受信し解析するセンサーシステム）のデータも統合してパイロットに標的情報を示すことができるのです。

その情報をそっくり「リンク16」という米軍の無線データリンクを使って味方の「陸上配備型イージス」や「PAC－３」部隊に知らせてやれば、じゅうぶんに余裕をもって迎撃ミサイルを発射できることにつながるでしょう。

米空軍は、Ｆ－35の情報統合機能を活用すると、戦場のずっと後方にある空戦指揮センターでの作業（全体の状況分析と個々の在空パイロットへの指図出し）をショートカットして、最前線の空域において広い戦場の状況もみずから把握し、それによって敵側空軍の空戦指揮センターの決心に先んずる味方パイロットのイニシアチブを可能にし、先手、先手と敵軍を翻弄し続けられるだろうとまで期待しているようです。

そこまでいきますと却って心配になるのが、ＩＳＲと未来戦の前提になっているネットワーク通信そのものを敵から妨害されたり無力化されたりハッキングされてしまったならどうなるのか……です。ロシア軍や中共軍は、ＡＩの実用研究をそうした電子的な「欺瞞」や「妨害」の分野に集中してくるかもしれないのです。

英軍パイロットはＦ－35を評価している

Ｆ－35はすでに３００機近く、量産が進んでいます。英国最大の軍需メーカーであるＢＡＥ社もその製造を分担しています。

英軍のパイロットがＦ－35に乗ってみて感心するのは、電子戦機能が高度に自動化されていて、パイロットはその操作にかまける必要がないことだそうです。ＡＩマシーンが勝手に各種ジャミ

ロッキードマーティン社HP

F-35戦闘機の真価は、複合的なパッシヴセンサーの卓越した精度と、そのデータを統合し情報化できるソフトウェア、そして味方部隊に情報を即時伝達できる通信力にある。「単座のミニAWACS」なのだ。売り物のステルス性能は大したこともなく、最新鋭のルックダウンレーダーにすぐ見つけられる。中共製の「なんちゃってステルス」機の実力も、およそ見当が付くというもの。

ングの最適戦術を繰り出してくれるのです。

しかもF－35にとっては、主レーダーが同時に電子ジャマーにもなる。敵機はハイパワー且（か）つ高指向性のジャミングを受けて、自機のレーダーが機能停止するだけでなく、無線交信までも妨害されてしまうのです。

敵機についてはピンポイントで妨害するけれども、その電波によって味方のデータリンクが悪影響を蒙（こうむ）ることはないそうです。

英国海軍は、垂直離着陸のできる「F－35B」を、新造する6万5000トンの航空母艦2隻に搭載することも決めています。

これにもいろいろと曲折がありましたが、30ノットで走れるようなもっと大型の正規空母を建造しても、必要な人件費や、膨大な維持費（たとえば給油は7日ごとに必要）

を英国の財政はとても支えきれないと試算され、他方では、精密誘導爆弾が高性能化してきている今日、兵装搭載量が小さな「F-35B」でも対地攻撃任務は十分に果たせると判断されたということです。

航空母艦運用については海上自衛隊のずっと先を行くこの英国海軍ですら、「B型」をまず地上基地から運用し始めて、空母に搭載して作戦させられるようになるのは2020年以降の予定です。

AIはサイバー戦をどう変えるか

AIが「コンピュータ・ウィルス」を濫造するようになる未来は、確実に来るでしょう。

正規のソフトウェアがまるで機能しなくなるように破壊する、というだけのウィルス機能であったならば、人間(オペレーター)の側での対策はむしろ単純かもしれません。

しかし、正規のソフトウェアの出力を微妙に変更するといった狡猾な機能のウィルスだったならば、人間が気付くタイミングは遅れ、今日の軍隊、あるいは現代社会は、すっかり麻痺させられてしまうでしょう。

たとえば、1億1000万円を銀行間決裁で送金したはずなのに、数値が微妙に変わって1億1100万円になってしまったら、どうでしょうか? もう誰も銀行を信用できなくなるでしょう。

電圧が一定していなければならない電力網が、ランダムに数％の電圧変動を繰り返すようになったらどうでしょうか？　その電気の「品質」を信頼していた製造工場では知らぬ間に不良品の山を築いてしまうはずです。

こんな狡猾なウィルスの送り手たるＡＩと、人間とでは、勝負になるのでしょうか？

そして、こうした狡猾なＡＩ製ウィルスソフトが、他のＡＩマシーンを選別的、もしくは無差別的に襲って機能を隠微（いんび）に狂わせるようになったら、どうなるでしょうか？

ＡＩ同士で、相手を微妙に狂わせようとウィルスを送り合う事態です。そうなったとき、果たして今、どのＡＩが正確な出力を出してくれているのか、そしてどのＡＩが微妙に狂った出力を出しているのか、いったい誰が判定できるんでしょうか？　「シンギュラリティ」のかなり以前の近未来でも、もう人間が手動でチェックして間に合うような「データ量」でも「演算速度」でもなくなっているはずです。

もし、わたしたちの社会がその安定をＡＩに広範に依存するようになっていたとしますと、ＡＩ製ウィルスの攻撃によって、「何が真実か」が分からなくなってしまうことも大いに懸念しなくてはなりますまい。

新採用を決めたシステムを早目に放棄する政策も必要

ＡＩ時代の技術競争と新陳代謝はおそらく秒進分歩となるでしょう。従来のようなノンビリした開発＆調達ペースを墨守すること自体が国家・国軍にとって危険となるかもしれません。

現にこんな話があるのです。

２０１７年時点で米陸軍は「ＷＩＮ－Ｔ」と銘打った、最前線で使うための新式のデジタル無線ネットワークを導入中です。ところが同年末に至り、相手がロシア軍ならこの「ＷＩＮ－Ｔ」はハッキングされてしまうだろう、と懸念されるようになりました。

巨費を投じて開発した「ＷＩＮ－Ｔ」は、まだ全軍にいきわたっていません。けれども陸軍当局は、もっと脆弱ではない新システムを開発したい、と言い出しているのです。

想像しますに、おそらくユーザーの不満は、ハッキングされたりＥＣＭ（電子的妨害）をかけられるという懸念だけではないのでしょう。

この新式通信系は、構成するだけでも2日がかりなのだそうです。それだけでももう、今の時代のスピード感に逆行していますよね。

またサーバーが巨大であるため、大きな通信所の天幕を設営する必要があるそうです。あいにくなことに、現代の技術でも、通信所と送信アンテナのあいだは、それほど離隔することはできません。その、遠目にも隠しようがない大アンテナを目印に、敵のロシア軍や中共軍は、米軍の野戦指揮所の場所の見当をつけてしまえるのです。指揮所と通信所のあいだも、徒歩伝令が行き来する必要があって、そんなに離してはおけないからです。

そもそも最初から、野戦通信の運用コンセプトが古過ぎるのでしょう。そこを正面から指摘する有力者（もしくは突出して有能であるため再就職利権を顧慮する必要が無いエリート幕僚）がようやく陸軍部内に現れたということなのでしょう。

ならば、今求められる地上部隊用の通信系のコンセプトは、どんなものなのでしょうか？

10年以上も前から、いくつかの案が出ています。

市販されているスマートフォンをベースに、そのひとつひとつの端末が同時に中継局としても機能するような、融通無碍（ゆうずうむげ）なソフトウェアを考えたらいいじゃないか、というものです。

必ずしも巨大アンテナに依存せず、中継アンテナ設備にも依存せず、スマホ式端末がそのまま、移動式の通信系になればいい。そうすれば、ゴビ砂漠やグリーンランドの真ん中であっても、軍用通信衛星にも頼ることなく、「携帯電話」が、そのままデジタル通信機代わりになってくれる――というわけでしょう。

特別に長距離の重要通信が必要な場合には、有線給電式マルチコプター型ドローンで空中線（アンテナ）を一時的に持ち上げてもらう――という方法だってこれからはあり得るでしょう。

コラム　もしフォン・ノイマンが安全保障担当首席補佐官だったら?

長崎型原爆の起爆理論を考え、初期核兵器の最適爆発高度を算出し、ノイマン型コンピューターの構想者であり、ゲーム理論の構築者でもあったフォン・ノイマン(1903〜57)は晩年に、〈どうして合衆国がさっさとソ連に戦争を仕掛けて亡ぼしてしまわないのか、分からない〉と知人に語ったということです。

政治家ではないノイマンには、米国の総合的な立場こそがより強く、核兵備はより充実しており、ソ連は今のうちであれば合衆国に壊滅的な損害を与えるだけの核兵備を整えられないので、やるなら今しかないはずだ(対ソ開戦の時期を延ばせば延ばすほど世界の人命リスクは巨大となり、不幸)——と思えたのでしょう。

おそらく「政策アドバイジングAI」が当時あったとしたら、同じ助言を米国大統領に対して答申したと思われます。

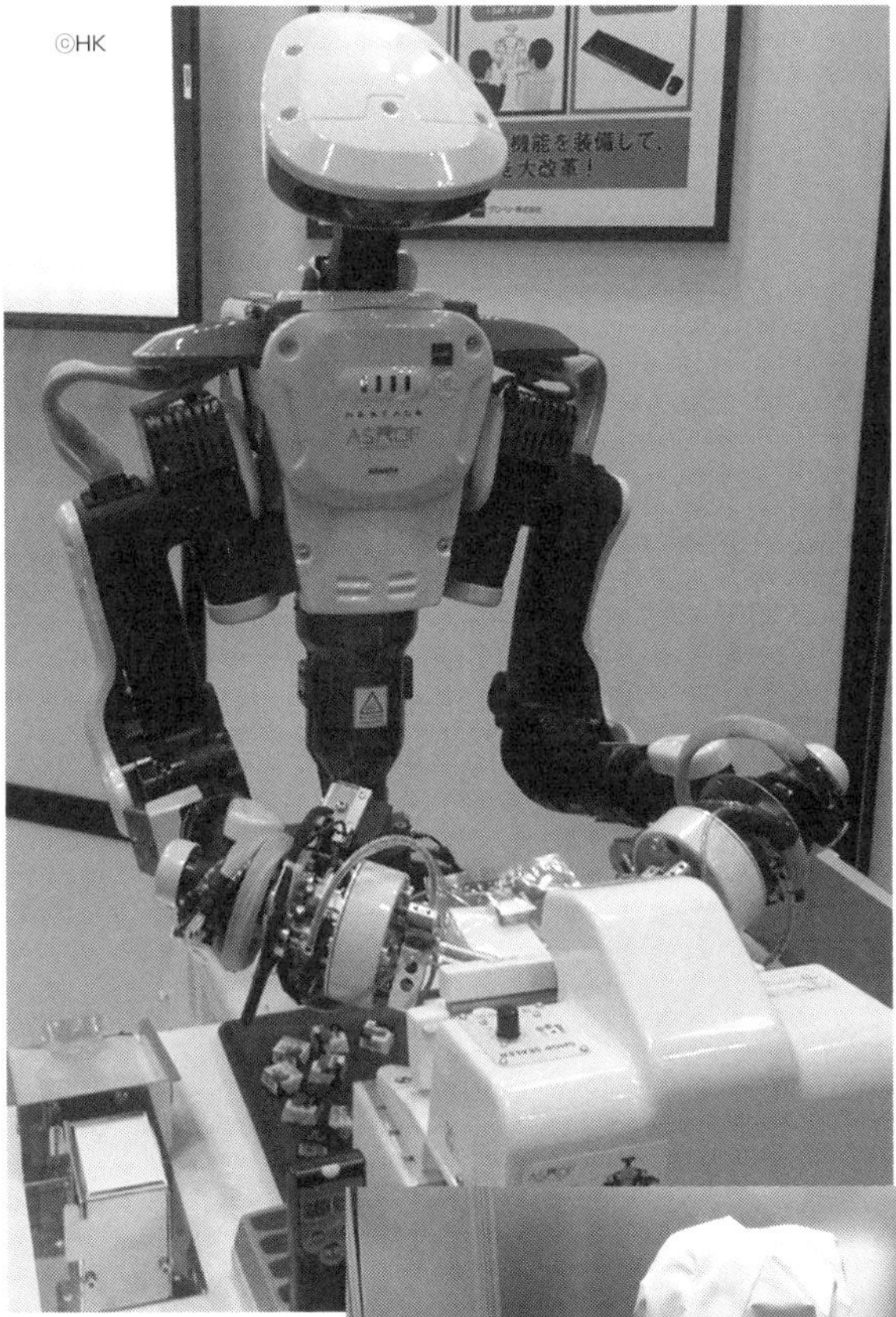

このアッセンブリ作業ロボットは2腕を持っているが、腰から下は潔く箱状で、「足」などはついていない。AI未熟時代にロボットの「2足歩行」にこだわる不毛性を何十年も直感できなかった日本の大手メーカーは、いまや米国のベンチャーに劣後し、高いツケを支払っている。まずこういうロボットを完成し、それを上下2段重ねにしたら、「座ったままだが手足は人間以上に器用に動く」重機操縦代行ロボットを2011年の時点において活用することができ、放射能汚染地帯での土工作業を人間の代わりにしてもらえたであろう。(2017国際ロボット展の会場にて撮影)

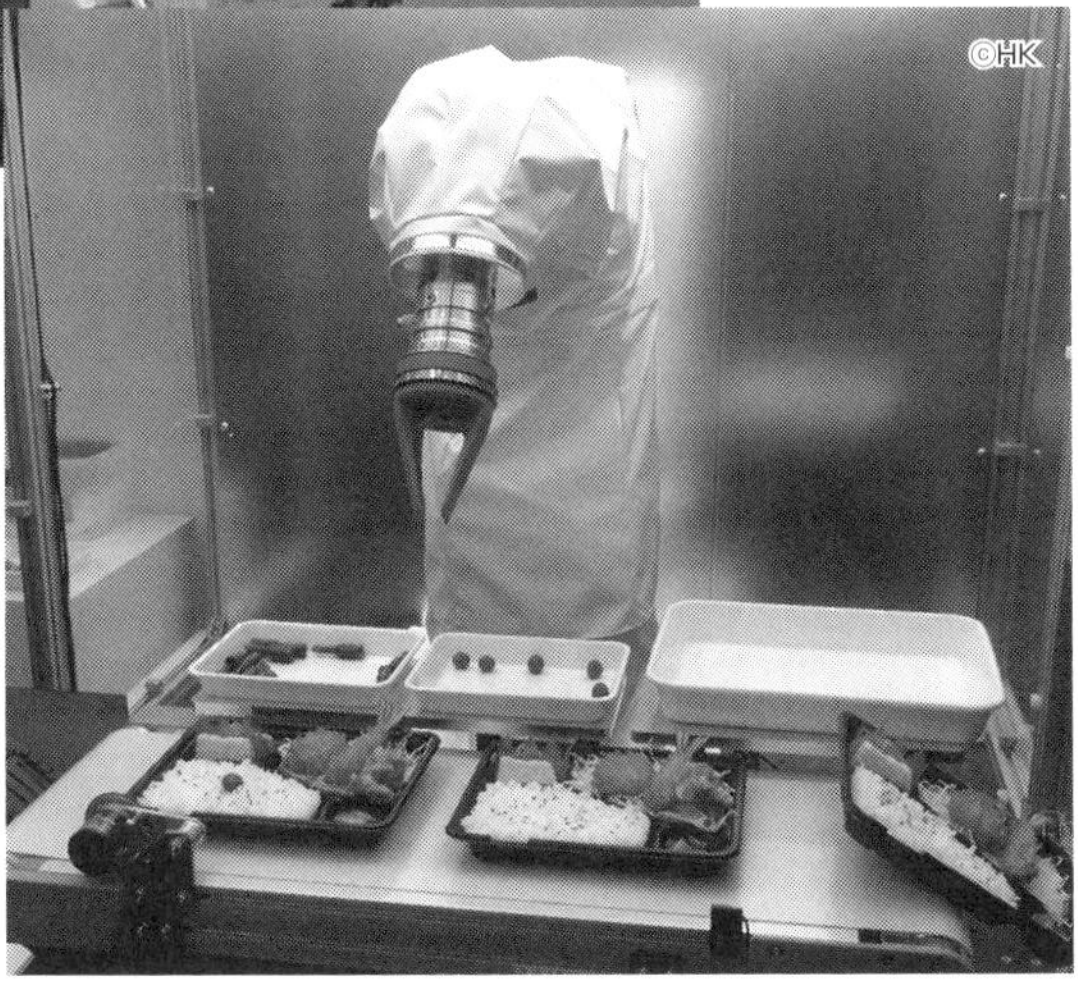

お弁当に醤油差しとウメボシを載せる仕事までもロボットが奪ってしまう時代が来ている。(2017国際ロボット展の会場にて撮影)

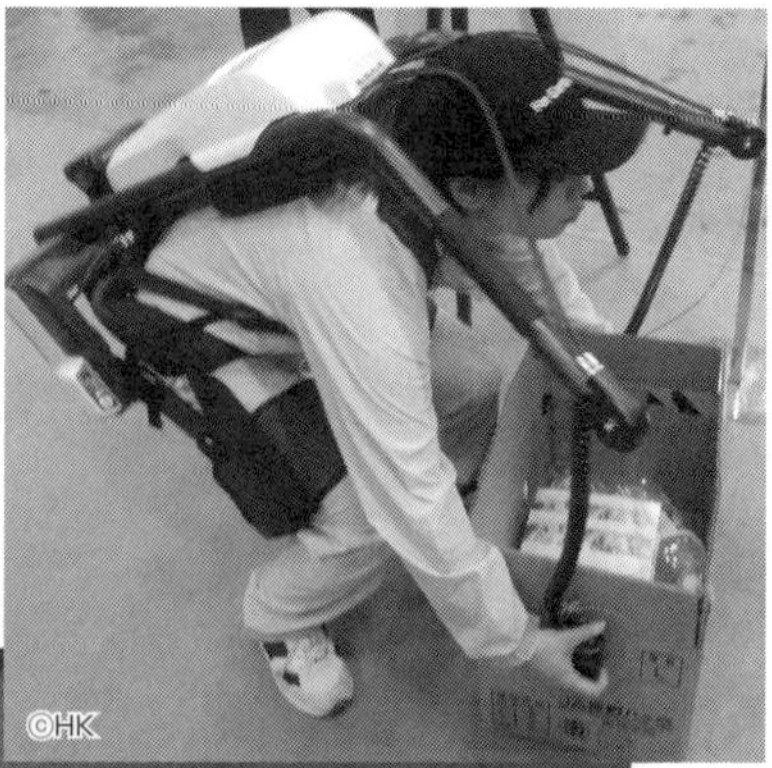

ウインチ型パワーアシストスーツ。リチウム電池がウインチを駆動させることで、人が物を持ち上げる力を20kg分、補助してくれる。メーカーは農家の出荷作業用にこれを考えたようだ。(2017国際ロボット展の会場にて撮影)

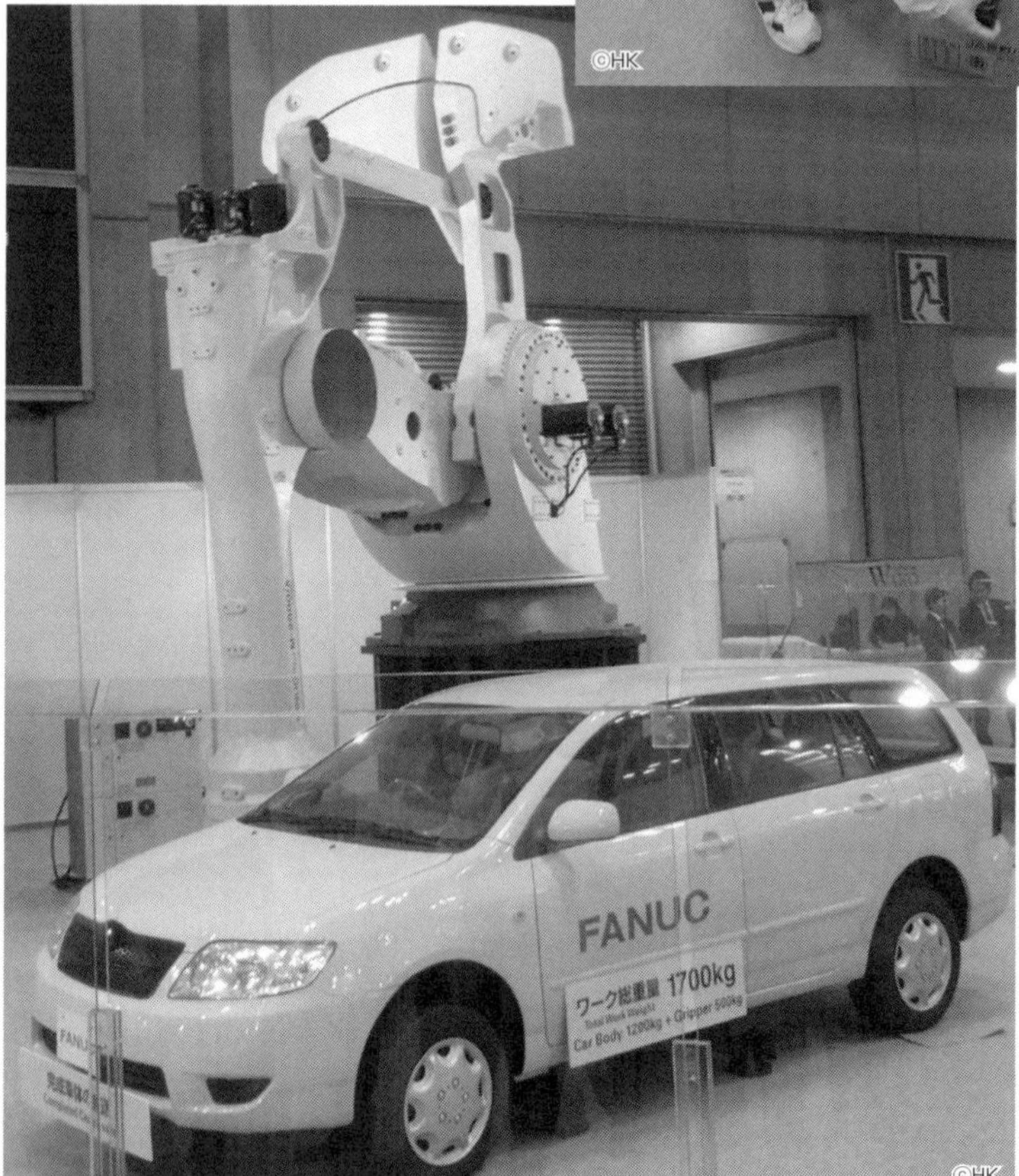

大型の腕型ロボットになれば1トン以上の乗用車も軽々と掬い上げてしまう。(2017国際ロボット展の会場にて撮影)

第3章 ドローンと情報戦

「無人機使い」の先頭ランナーは米軍

米空軍は、操縦者をキャリアの出発点にする将校が部内でいちばん出世して発言力を揮うという組織の伝統風土が抜き難く、どうしても無人機（ＵＡＶ）に関しては冷淡です。ペンタゴン上層から言われてしぶしぶやっているというのが、今でも実態でしょう。

それでも米軍全体で使っている無人機は、カウントする範囲を狭くしても２０１７年時点で７０００機もあり、中國人民解放軍の１３００機を、性能でも習熟度でも凌駕します。

「ＭＱ－１　プレデター」無人機が敵ゲリラを殺傷する意図で誘導兵器を初めて発射したのが２００１年10月でした。当時は、あまりにも米空軍が不熱心であったため、ＣＩＡ（もともとの成り立ちはスパイ機関ではなくて第二次大戦中の特殊作戦部隊ＯＳＳ。海兵隊に次ぐ第五の米軍だといってもいいわけです）が開発と運用を主導しました。プレデターの前駆となる無人偵察機をＣＩＡはボスニアで１９９３年に飛ばしていました。

偵察監視任務にも、他国領内での精密爆殺任務にも、無人機がすこぶる都合がよい（万一墜落しても、誰も敵ゲリラの捕虜にはならない）ということが米国政府の高官のあいだで認知されるにつれて、無人機の需要と供給はひたすら膨張する一方です。その結果、高性能無人機を遠隔操縦する専任の人材も、収集された画像データや無線交信データの分析をする特技を有する人材も、慢性的に不足するようになりました。

　およそ軍人や政府の戦略プランナーたちにとって、情報の要求に際限などないものだからです。米空軍内では、しかし将校たちが誰も無人機の操縦を担当したがりません。皆、そんなたいくつな仕事をするために空軍士官になったのではないと心の中で憤慨しているわけです。

　ところが米陸軍の方では、昔からヘリコプターや連絡機の操縦を下士官パイロットにも委ねる組織風土がありましたから、「プレデター」の陸軍バージョンである「グレイイーグル」も普通に、適性ある下士官にリモコンさせています。

　単発プロペラ機の操縦感覚など、市販のフライトシミュレーターでも学習ができるものだということを、この米陸軍が率先して証明しました。下士官が「グレイイーグル」から「ヘルファイア」空対地ミサイル〔詳しい解説は第６章２１７頁〕を発射させることだってありますが、それで何の不都合も起きてはいません。

「将校が厭がって人手が足らないというのならば、空軍も、大型無人機の操縦を下士官に任せろ」という圧力が、ペンタゴンと政府の上層から米空軍にかかりました。

　２０１５年、ついにこれに屈した米空軍は、２０１７年5月から下士官のＵＡＶ操縦者課程（34週間）卒業者を、送り出しています。

　なんで34週間もかかるのかといえば、空軍の信念によれば、単発小型プロペラ機をソロで飛ば

ジェネラルアトミクス社HP

米陸軍は1996年からイスラエル製の「MQ-5 ハンター」無人機を師団偵察機として駆使し、2007年のイラク戦線でその武装型から誘導爆弾を投下させている。2011年からそのハンターを写真の「MQ-1C グレイイーグル」で更新開始。武装はヘルファイア×4発などだ。12機で1個飛行中隊を成す。17年に比島南部の対テロ作戦支援に12機を持ち込み、続いて韓国の群山空軍基地にも12機を搬入して18年から運用するつもりである。滞空は36時間可能。エンジンはディーゼルである。

せる者でなくては、大型無人機のリモコンも決して任せられない——からです。

士官はすでに操縦免許を持っているのでリモコン教習は6週間でいい。だが、下士官はまず飛行学校でホンモノの飛行機の感覚を身体で覚えざるべからず——というわけなのです。

卒業した下士官UAV操縦者は、いまのところは武装UAV「MQ-9リーパー」ではなく、非武装偵察機の「RQ-4 グローバルホーク」を担任させられています。

17年時点で、米空軍内のUAV操縦者はざっと1200人。偵察情報需要が高いことから、皆、勤務時間超過を強いられていて、多くは辞めたがっているようです。米空軍は2020年までに「グローバルホーク」操縦者二百数十人のうち半数は下士官で充当したいと目論んでいます。

ゆくゆくは「プレデター／リーパー」の操縦も下士官に任せて行くしかなくなるでしょう。

なお旧式化した「プレデター」はすでに非武装監視ミッションばかりになっていて、空軍ではそれも2018年中にすべて「リーパー」と換装してしまう予定です。100機以上の「まだまだ飛ばせるプレデター」は、多くを米海軍が買い取り、海兵隊に使わせるなどして、残りは友好国に売却する――という構想があるようです。

米海兵隊は、いまのところ武装型UAVの運用経験をまったく有しません。専属の強力な有人ジェット支援攻撃機（スーパーホーネットやハリアーやF-35B）をいつでも呼べる立場ですから、陸軍や特殊作戦部隊と違って必要を感じなかったのです。しかしこれからは変わっていくかもしれません。そうなれば、海兵隊を手本と仰ぐ日本の陸上自衛隊にもきっと影響が及ぶでしょう。

圧倒的な地位を築く「リーパー」

「プレデター」「グレイイーグル」「リーパー」のような、5000メートル以上の高度を長時間滞空して偵察ができる無人機を、航空業界ではMALE（Medium-Altitude, Long-Endurance）と分類しています。武装の有無は、問われません。

ある調べによれば「自重600kg以上、常用高度5000メートル以上、滞空20時間以上」をもって本格的MALEの基準だと仮定した場合、2017年時点で27カ国がそのような本格的

MALEを保有しているのだそうです。わが日本国はこの水準の軍用無人機を、輸入機も含めて1機も持ってはいません。

性能と実績で世界のMALEの最高位をキープしている米空軍の「リーパー」は、将校の操縦者1名と、センサーオペレーターの下士官1～2名のチームでリモコンされます（1チームが同時に在空の複数機をリモコンすることもあります）。

そのチームは4～6時間経つと別チームと交替します。さもなくば、とても集中力が続きません。ほとんどは延々とアフガニスタンの村や荒野を、モノクロの赤外線ビデオ画像で眺め続ける仕事なのですから……。

17年7月時点で、英軍は「MQ－9 リーパー」を10機、米国から輸入して、中東などで運用しています。英軍はそれを20機の「B型」で更新したいと考えているところです。

米国が「リーパー」（または「プレデター」）を供給した外国はいまのところ、英国、イタリア、スペイン、フランスだけです。このうち英国には最初から、武装攻撃能力を付与して引き渡しましたが、イタリアは、武装攻撃運用を可能にしてもらうまでにかなりの対米交渉を要しています。

それでいっそ、ドイツやフランスとともに欧州共同で攻撃型MALEを開発しようじゃないかという話もイタリアにはあったのですが、ニジェールやマリなどのサハラ砂漠辺縁帯で対テロ戦に従事しているフランスの特殊部隊が、直協してくれる米軍の「リーパー」の能力に惚れ込んで

ジェネラルアトミクス社

メーカーでは「リーパー」のことを「プレデターB」と呼んでいる。常用高度5万フィート。ペイロード1.7トン。エンジンはハネウェル社製ターボプロップ。最新のER型の滞空時間は42時間にまで延びた。フランス空軍もついに国産を諦めて輸入。写真の吊下兵装のうち大きな方はレーザー誘導爆弾で、小さなものは「ヘルファイア」ミサイルだ。機首上面のドーム内には衛星と交信できるパラボラが収容されている。

しまっているので、どうなるかはわかりません。

ＭＡＬＥは長時間滞空能力を獲得するために高速性を捨てています。相手がタリバンのような後進地域のゲリラでなかった場合、地対空ミサイルや艦対空ミサイルによって、あっけなく撃墜されてしまうリスクがあるでしょう（尤も、宮古島の航空自衛隊の防空レーダーが、低速で低空を飛来した中共製の有人双発プロペラ機の領空侵犯をまったく探知できなかった事例もあります）。

ロシア軍の脅威が身近に感じられる西欧諸国は、そこらへんの頼りなさを感じて、本腰を入れてＭＡＬＥを自主開発すべきかどうかをためらうのでしょう。ＭＡＬＥの機体価格は大したことがなくとも、搭載するハイテクセンサーと通信装置の価格を入れるとほとんど人工衛星並となる場合もあり、これを消耗品のように考えることは、大多数の国には難しいに違いありません。

オペレーターの成り手はますます足りず……

2015年に米連邦議会がGAO（会計監査院）に委嘱して実態を調べさせたところ、米空軍のUAVオペレーターたちは週に60時間もの長時間勤務を強いられており、UAVを飛ばしている時間は年間累積1200時間に及ぶということが判明しました。比較して年間飛行時間が短かったのは陸軍のヘリコプターパイロットたちで、年に450時間でした。どうも陸軍のパイロットは人員が多すぎ（仕事がとても面白いから、だとも考えられます）、空軍のパイロットは、少なすぎるということです。

米空軍は「リーパーB型」の「ブロック5」を17年6月から戦闘飛行させています（量産は13年から。米空軍が66機発注したのが16年。単価およそ1200万ドル）。

さらにその「ブロック5」も2019年からは「ER（航続力延長）型」で更新開始しようと計画しています。主翼面積が2割大きくなり、ターボプロップ・エンジンも強力なものに換装され、左右の主翼下には増槽が付きます。なにより、燃料管理ソフトウェアが改善され、「ER型」の滞空時間は40時間以上になるそうです（2007年の最初期型リーパーの滞空時間は15時間でした）。

これはしかしオペレーターにとっては悪いニュースです。ますます果てしなく退屈で辛い勤務が約束されたようなもの。監視役をＡＩに代行してもらいたいと発想されたのは自然でした。

２０１６年夏に米国防総省のＤＡＲＰＡ（Defense Advanced Research Projects Agency 国防高等研究計画局）は、マサチューセッツ州内に典型的な「中東の村」をこしらえ、従来からある偵察用無人機の撮像装置と結合させた専用のＡＩが、「市民」と「ゲリラ」（いずれも米国人の役者の扮装）をしっかりと見分けられるのかどうかを実験しています。

従来の「プレデター／リーパー」は、離陸と着陸のときだけは、滑走路際に所在する目視操縦チームがリモコンを担任していましたが、「リーパーＥＲ」ではついに着陸が全自動になったそうです。「ＡＩ無人機」に一歩また近づいたと申せましょう。

近年の米軍は、レーザー誘導（精密だが砂嵐や霧に邪魔される）にもＧＰＳ誘導（精度はやや粗いが砂嵐等には邪魔されない）にも、投下の直前に簡単に切り換えの利く誘導爆弾キットを高く評価していて、「リーパーＥＲ」もこの爆弾（５００ポンド爆弾×２発）の運用に対応するソフトウェアを搭載します。

「リーパーＥＲ」は、兵装オプションとして、近距離空対空ミサイルであるサイドワインダーもしくは中距離空対空ミサイルであるアムラーム（ＡＭＲＡＡＭ）を２発、吊下（ちょうか）することもできるそうです。実用性のほどは未知ですけれども、これで敵機と対等に交戦できるようになる日が来るかどうかは、やはりＡＩの進展次第でしょう。

じっさい、一時は〈F－16戦闘機やA－10攻撃機によるCAS（対地直協支援）はリーパーのおかげで不要になるのではないか〉と思われたくらいでした。が、まだその段階には至っていないのです。

いま米空軍は100機以上の「MQ－9 リーパー」シリーズを運用しています（累積生産数は150機弱）。西暦2020年には200機を超えているはずです。

パイロットが有人戦闘機を見限り出した、その理由

米空軍が、キャリア10年の中堅戦闘機パイロットを1人育て上げるのに投ずる税金は500万ドル（5億5000万円）以上だといわれます。

しかし西暦2000年代以降、それまでのレーザー誘導爆弾よりも安価でイージーに使用できるGPS誘導式のスマート爆弾「JDAM（Joint Direct Attack Munition）」が右肩上がりに普及した結果として、米空軍の戦闘攻撃機のパイロットの「仕事満足度」が極端に下がり、中途退職者が続出しているそうです。

半日じゅう、GPS誘導爆弾を翼下に抱えたまま、駐機場か戦地上空で旋回待機を続け、ごくたまに味方地上部隊の「爆撃要請係」（エアーコントローラーまたはJTACともいう）から無線でリクエストがあると、蕎麦屋（そばや）の出前よろしくその座標まで飛んで行き、目標の視認などもロクにで

きない（そのかわり敵ゲリラの対空火器も脅威を及ぼせない）5000メートル以上もの高さを普通の速度で航過して、爆弾を投下して帰ってくる。……それだけなのです。

直感を研ぎ澄まして地上の敵を発見して危険を冒して攻撃してやっつける、といった、第一次大戦いらいのスリルもなければ、有人戦闘機の操縦者としての達成感も、殊に爆殺対象が無名のゲリラたちであれば、無きに等しい。

昔であれば、敵軍の司令所のような重要目標を破壊するためには爆撃機編隊を何波も送り出す必要がありました。が、スマート爆弾は1機が1発で目的を達成してくれます。したがって戦闘爆撃機に「お座敷」の声がかかる回数じたいが、殊に対ゲリラ戦では、いよいよ減る傾向にあります。ほとんどお茶をひいている時間ばかりでは、パイロットも不満でしょう。

冷戦時代に米空軍の戦闘機パイロットは、実戦と訓練とを合わせて年に200時間、飛行するように求められていました。冷戦後の今は、燃料費などを節約するため、年に150時間でよいことになっています。あとの50時間は、フライトシミュレーターでカバーされています。

これに対して、繁盛路線の民間旅客機のパイロットは、年に1000時間ちかくも飛ぶことができます。2010年の米国の新法により、大型旅客機の機長になってよいパイロットの資格条件が、累積飛行経験1500時間以上（空軍パイロットならば入隊後10年のまさに中堅クラス）と規定されたこともあって、仕事のつまらない米空軍をさっさと除隊して旅客機を飛ばす仕事を求める将校が増えているそうです。

彼らをひきとどめるために空軍は2013年に、中堅戦闘機パイロットがあと9年間勤務すると誓えば22万5000ドルのボーナスを出すことにしたのでしたが、受けたのは対象者のうち6割でした。

米空軍の将校は、命令によってとつぜん海外の基地へ赴任しなくてはなりません（そうした海外出張は1回につき90日間を目処とされています）。これに対して民航機の機長には転勤しない自由がある。パイロットの家族としては、どちらを歓迎するでしょうか？　まして年俸は、大型旅客機の機長の方が、はるかに多いのです。

「空戦」もまた、さまがわりをしました。1980年以降、米空軍のパイロットで、生涯に敵機を4機以上撃墜した者はいません。ベトナム戦争では3人のエース（敵機を5機以上撃墜）が輩出し、朝鮮戦争ではそれが39人もいたのでしたが……。

2017年に米空軍は、退職したパイロットになんとか1年間だけ現役復帰してもらって、訓練教官の不足を埋める特例を認めてもらえないだろうかと、ペンタゴン内で運動しました。

しかしこの要求は拒否されています。自律誘導兵器が戦闘機パイロットの業務を単調化する趨勢は止められないので、焼け石に水をかけるような彌縫策では問題の解決になるまいとみなされました。

ちなみに2万３０００人強も在籍している米空軍パイロットのうち、戦闘攻撃任務に従事するのは15％だけです。

いわば、爆弾の中に装置されたＡＩが、人の仕事を奪いつつあるのです。

UAVと人間のマッチングの難しさ

米空軍のパイロットに占めるＵＡＶ操縦者の割合は、２００８年には９％弱でした。が、13年には3倍に増えました。

しかし空軍内では将校が誰も、すすんでＵＡＶ操縦をしたがりません。まったく人気がないので、空軍は３年間の期間を限定した上で、上官命令で強制的に転属させています。

空軍は、自発的にＵＡＶ操縦に転属しようとする将校には褒賞ボーナス３万５０００ドルを毎年加算しようとしましたが、この流儀は、税金の使い方の監視人である米連邦議会から反発されました。「そんなことをするなら下士官に操縦させろ」という圧力が、これをきっかけに空軍にかけられるようになったのです。

希望に反してＵＡＶ操縦職に転勤させられた空軍将校は、空軍を去ろうとします。その退職率は、有人機操縦者の３倍です。

２０１６年に米空軍は、民間会社から無人機操縦者を雇うことで人手不足を解消するしかない、と考えるに至りました。しかしそのためには現役将校の3倍の給与を出す必要があるそうです。

この民間会社からの契約派遣UAVオペレーターというのは、じつは、元空軍パイロットで、大型UAVを操縦させられていたが、辞めてしまったという早期退職者なのです。生涯所得を計算しますと、米空軍に20年在籍したパイロットは、現役としてUAVを担任しろと言われたら即座に空軍を辞職して、契約社員となってその仕事を継続した方が得です。今日、そのような契約UAVパイロットが全体の1割近くいるそうです。

なお公式の説明では、米軍は、ヘルファイアなどで武装した攻撃任務のUAV操縦に、民間から雇った契約社員を従事させることは、していないことになっています。

世界で最も成功した市販ドローン

回転翼機型（＝ヘリコプター式）のドローンで、その垂直揚力（ようりょく）を発生する回転翼の軸数が4つあるものを「クォッドコプター」と通称します。

2017年の8月、アメリカ合衆国陸軍は、多くの現役将兵が私的に購入して余暇に駐屯地の外で飛ばして遊んでいた、中国DJI社製のクォッドコプターの使用禁止を通達しました。同時に、将兵が個人のスマートフォンにダウンロードしたDJI社製ドローン操縦アプリも確実に削除するようにと指導をしています。

ＤＪＩ社はアプリケーションソフトのアップデート（主に進入禁止エリアの追加座標情報）を逐次に配信するかたわら、ユーザーのスマホの中にメモリーされている、ドローンの航跡のデータログにアクセス可能です。そのＤＪＩ社にあるサーバーコンピュータには、必要とあれば中共軍がいつでもアクセスしてしまえるはずですから、米軍が懸念するのも自然でしょう。

さらには、アプリのバージョンアップのついでにこっそり潜ませることも可能な「裏機能」が、東南アジアなど海外の最前線に展開している米軍部隊の現在位置等の情報を中共軍に筒抜けにさせてしまうことも、米軍上層では警戒したのではないかと思われます。

ＤＪＩとは何者か？

ホビー用のマルチコプター製品で２０１３年以降、米国市場を席捲し、依然として世界の50％以上のシェアを握っていると見られているＤＪＩ社（本社は深圳）に、学べることはたくさんあるはずです。

そもそも、どんなメーカーなのでしょうか。

ＤＪＩ社は、漢字で表記すると「大疆創新科技有限公司」といい、創業時の幹部が人民解放軍の関係者だったという情報はありません。香港科技大学を卒業したエンジニアの汪滔氏が２００６年頃に創業して、09年に最初の商品として、同社オリジナルの「フライトコントローラーシステム」を売り出しています。

この、フライトコントローラーといいますのは、クォッドコプターなどのマルチコプターが、半ば自律的に姿勢を維持して機敏に垂直上昇したり、空中の一点で静止（ホバリング）できたり、指定した方向へ確実に飛び続けたり、「自動帰巣（きそう）」「自動着陸」したりするのを可能にしている、いわば基本ソフトウェアのようなものです。

ちょうど、西暦２０００年代の初め頃に、加速度や傾斜角を検出してくれる電子デバイスが、コンピュータ・チップのように軽量化し且つ安価になり、同時にＧＰＳも普及してくれたことが、この社長にとっては恵みの追い風になりました。

基本ソフトが、機体に搭載されている三次元加速度計（ジャイロスコープ）の出力を常にモニタしているおかげで、マルチコプターの操縦者は、手元の操縦スティックをちょっと雑に操作しても、機体が不意に失速して墜落するといった事故を懸念しないで済むのです。

搭載されたチップジャイロが、機体の傾きを検出すると、ソフトウェアはすかさず、それを補正するように各軸直結のモーターの回転数を調節します。ＤＪＩ社の製品は、「ホバリングをしろ」というコマンドが送られれば、空中の一点に静止してくれ、その位置は、垂直方向に50～80センチ、水平方向には１・５～２・５メートルしかブレないそうです。

初歩的なＡＩともいえるサイバネティクスが操縦を支援するようになったおかげで、マルチコプターで遊ぶために、教習訓練がほとんど要らなくなったわけです。

これがもし従来のラジコン航空機でしたなら、ヘリコプター型であれ固定翼機型であれ、たんに墜落・衝突をさせないためだけにも、刻々のエンジン回転数や姿勢や速度や高度や方向を保つことによほど精神を集中させていなければならず、習熟するまでには相当の練習時間が必要です。それでも墜落事故が起きてしまう確率は高いでしょう。

そんな面倒な、敷居の高いオモチャを、門外漢（もんがいかん）の一般消費者が、誰かへのプレゼント用に買ってやろうという気には、まずなりません。

２０１３年のクリスマス商戦の時点では、他にフランスの一玩具メーカーもクォッドコプターを果敢に対米輸出していたものでした。しかし今ではＤＪＩ社が、民間用空撮ドローンの世界市場を制覇してしまったと言ってもいいでしょう。

「こんなに売れると分かっていたなら、ウチが早く手掛ければよかった！」と悔しがっている玩具メーカーは、世界にいかほどあるでしょうか？　すべて後の祭です。

ＤＪＩ商品の進化スピードは現在でも停滞しておらず、２０１８年初頭の最新モデルは、ポケットサイズに折りたたんで持ち運ぶことができて、空中で操縦者のハンドサインを理解してインスタグラム投稿用の高画質スチルを撮影してくれたり、複数の光学センサーによって高速運動中に障碍（しょうがい）物を自律的に回避できるなどの機能も盛り込まれているそうです。

クォッドコプターの仕組み

クォッドコプター・スタイルのドローンは、回転翼の軸が4軸あります。右回りの回転軸×2と、左回りの回転軸×2が、回転モーメントを拮抗させ、トルクを打ち消せますので、一般的なヘリコプターの故障原因となりがちな「テイルローター」は不要です。

世間によくある有人ヘリコプターですと、2枚以上のローター・ブレード（プロペラのように回転する細長い翼）が、機体の重心にある1本の垂直軸（ローター・ハブ）、または機体の前後に段違いに付いた2本の垂直軸のまわりを回転（その回転面はだいたい水平）することによって揚力を得て機体を浮かせています。

しかしこの伝統的なスタイルのままでホビー仕様のドローンをこしらえるのは至難でした。というのは、ローター・ハブには、ローター・ブレードのピッチ（回転面に対して翼前縁がやや斜め上を向いたり水平になったりするように、ブレードの付け根から捻って与える角度）を、ブレードが半回転するごとにせわしく調節する、じつに複雑なメカニズムが備わっているものだからです。「手ごろな価格帯のオモチャ」にはとうてい向かぬ機構でした。

しかしクォッドコプター形式ならば、ブレードのピッチ角は固定でいいのです。4軸のうちの、1軸もしくは2軸の回転数を変えてやれば、機体姿勢をどのようにも傾けることができて、水平前進、水平後退、その場旋回なども可能になってしまうからです。

ローター・ハブ構造をこの上もなく簡素化してよいので、コストもずいぶん下げることができます。

そのうえ、多軸にすることでひとつひとつのブレードは短くなり、タフにもなる。さらに、短い回転ブレードは先端部分の「破壊力」も弱い。それは衝突時の危険を減らすという長所になるでしょう。

空力的な仕事効率だけを比べれば、長いブレードの方が、ゆっくり回転するだけでたくさんの空気から作用を得ることができますから、有利です。が、代償として敏捷（びんしょう）な回転数調節は利きません。

ブレードが短いだけ、回転軸にかかる慣性も小さいから、小刻みに俊敏に回転数を変更させることが可能なのです。これは単軸の有人ヘリには絶対真似ができません。

未開拓市場と商機を逃さなかったＤＪＩ社は偉い

ＤＪＩ社は、世界のどのメーカー、どの設計者も気付かないことに先に気付き、それを実現する技術力（特に自前のソフト開発力）が社長自身にあったので、業界の勝者となりました。

彼は、玩具のドローンは、イージーに安全に垂直離着陸ができて、しかも軽量の無線ビデオカメラを搭載できるものが売れるに違いないと市場を読みました。そしてその回転翼の軸数は、1軸でも、3軸でも、はたまた5軸以上の多軸でもなくて、4軸が妥当でベストだと見抜いた。

それまでラジコンの無人ヘリコプターといえば、メインローター×1軸に、トルク打ち消し用の尾部ローターがついた、有人ヘリコプターをそのまま縮小したようなものがほとんどでしたから、じつにあっぱれな着眼でした。

もしも最初に、回転翼機ではなく固定翼機（主翼があり尾翼がある、普通の飛行機の形をしたラジコン機）のスタイルを選んでしまったとしたら、それは、ラジコンの素人であるところのほとんどの大人や子供が、遊び感覚で空撮を楽しむ道具としては、まったく見向きもされなかったでしょう。

なぜなら、初飛行でいきなり行方不明になるか、すぐに人やモノに衝突して訴訟沙汰に発展してしまうだろうという悪い予感が、この価格帯の商品を買おうとするような社会階層のユーザーには、商品を見ただけでもすぐに脳裡（のうり）をよぎるからです。

そもそも1000ドルくらいのドローンを高級玩具として自分用に、またはプレゼント用に購入しようとするような潜在ユーザーは、僻地（へきち）の一軒家で暮らしていたりはしないでしょう。彼らは都市中心部もしくは郊外の有産住民のはずですから、着陸場は、よくて公園。たいていはまず裏庭です。そしてできれば屋内でも簡単な「テスト練習飛行」ぐらいはさせたいと思うでしょう。

２０１３年に市場投入されたＤＪＩ製の「ファントム」は、この潜在ユーザーたちの望みをすべて叶えたわけです。

最初期のモデルは、本体を買ったユーザーが、別買いのワイヤレスビデオカメラの「ＧｏＰｒｏ」を取り付ける必要がありました。

それでも人気が出ましたので、早くも13年末には「ファントム２」が発売されます（このスピード感も日本の古手の企業にはまず無理でしょう）。

ビデオカメラは商品に組み込まれるようになりました。中東の戦場では早くも２０１４年に、米軍兵士と敵のゲリラの双方が、ほんらい高給玩具である「ファントム２」を偵察機として試用したそうです。

中東のゲリラは戦場で使うＵＡＶが１０００ドル以上すると、もう手を出しません。それらは所詮、消耗品である、と分かっているようです。

勢いに乗ったＤＪＩ社は２０１５年には「ファントム３」を市場投入。自重４kg弱で、滞空20分、高度５００メートル、水平離隔距離２０００メートルまで操縦可能というすぐれものが、だいたい１０００ドルで買えるようになったのです。

搭載されている双方向無線機によって低解像度画像をリアルタイムで操縦者に送信することができる他、機体に搭載された16ギガバイトのメモリーに「２・７Ｋ」規格のハイレゾ画像を録画できました。また、オプションで赤外線カメラも売られます。

16年には、プロ仕様の高給グレードの「ファントム4」が1800ドルで発売されています。4Kビデオですとか、5㎞まで誘導できる無線装置も搭載されていますが、機体そのものは「ファントム3」です。

「ファントム」シリーズの、摂氏マイナス50度でも動作し、機体素材をカーボンにした特注品は、高度4500メートルまでも上昇できるそうです。

マルチコプターが、今後ますます、半自動で離れ技もこなせるAIロボットに近づいていくことは間違いないでしょう。

もっか、フェイスブック社ですとかグーグル社などの大企業が、マルチコプター分野に巨額の投資を続けています。彼らの資本力と、シリコンバレーからすぐ集められる人材層のことを考えますと、DJI社の天下を覆すような〈次のブレークスルー〉が米国の民間から起こされる日も近いのだろうと想像はできます。

軍用マルチコプター・ドローンの可能性

大手の新聞社がクォッドコプターを取材報道のために積極使用したのは2014年の英国『ガーディアン』紙がさきがけであったとされています。

ただ4軸ですと、一系統でトラブルが発生しただけでも墜落しますから、今日では特に安全性が要求される空撮分野では、軸数を6つ（ヘクサコプター）とか8つ（オクタコプター）に増やしたマルチコプターが利用されるようです。

18年1月18日、オーストラリア東部の海水浴場から沖へ700メートル流されてしまった少年2人を、ライフセーバーによって操縦されたマルチコプター型ドローンが「浮き」（着水すると炭酸ガスボンベにより膨らみ、数人でしがみつくことができる）を投下して救ったという事例が報じられています。

やがては、マルチコプターによる直接の「吊り上げ運搬」もなされるようになるでしょう。多軸でしかも大型のマルチコプターならば、人間1人を楽々と吊り上げる揚力も得られるからです。

将来、たとえば増水した川の中洲に取り残された人を、有人ヘリコプターの飛来を待たずに、マルチコプターで手早く救出してしまえる日も来ることでしょう。

人間すらも持ち上げるくらいですから、ちょっとした武器を搭載することは雑作もありません。

玩具の「ファントム」がホワイトハウスの敷地内に迷い込んで墜落した事件が2015年1月26日に起きています。その同じ年の7月、クォッドコプターに拳銃を固定してリモコンで空中から銃撃させる動画がSNSに投稿されました。

今日では多数のメーカーが、機関銃や小型空対地ミサイルを搭載したマルチコプター・ドロー

© I.M.

いま米軍は写真のCH-47Jチヌークをミニチュアにしてロボット化したような「DP14ホーク」という無人ヘリを試験中である。これは最前線から負傷兵1名を担架のまま荷室に収容し、片道1時間の距離を野戦病院まで飛び戻ってくれるものだ。風速85mの横風にも耐えるというから、いずれは救助機としても使われるかもしれない。

ンを試作したり提案しています。

2017年4月、イラクとシリアのIS（イスラム国を名乗るゲリラ集団）がDJI製ドローンを利用しているという苦情を受けて、DJI社はイラクやシリアの紛争地帯のGPS座標に「結界」を追加指定する、操縦アプリのアップデートを行ないました。しかし巧妙なゲリラは、アップデート前のソフトを利用することだってできるのです。

イラクから駆逐される直前のISは「ファントム」を使って空中から、米軍（およびイラク政府軍）の「M1」戦車が所在しない戦線がどこかを見極めて、そこへ〈特攻自爆トラック〉を突出させるようにし向けていました。「M1」戦車の120ミリ砲で2000メートル以上も遠くから撃たれてしまえば、どんなトラックも何の戦果も挙げられずに一巻の終わりだからです。

そこで米軍は、上空に「B－52」重爆撃機を常に旋回させておき、突っ込んできた爆装トラックには地上から特殊部隊員がレーザーを照射し、そのレーザーの反射源にホーミングして行く小型の誘導爆弾を、はるか高空の「B－52」から投下させて対処した模様です。

もし、マルチコプターが直接敵兵を殺傷する武器に進化するとしたら、その運用スタイルは単機ではなく、スウォーム（群蜂のように多数が同時に敵に殺到する）となるのではないでしょうか。

２０１７年2月、ＮＦＬの「スーパーボウル」のハーフタイムショーにおいて、ＬＥＤ付きのクォッドコプター×３００機が見事に制御された運動を展示し、空中に光点で星条旗を画いてみせました。

少人数のオペレーターでもＵＡＶのスウォーム統制ができてしまうソフトウェアが、日進月歩のペースで改良されつつあります。もちろん、障礙物や僚機との衝突を自律的に察知して回避できる「ＡＩ」も、やがて個々の機体に搭載されるでしょう。

２０１７年11月12日にユーチューブにアップロードされた「Slaughterbots」（無人殺害機）というＧＧ動画が話題になっています。ＡＩの軍事利用に批判的なスチュアート・ラッセル氏が世間に警告する目的で制作したもので、成形炸薬を内蔵したマルチコプターのスウォームが大学構内に襲来し、人の顔を識別しながら自律判断で殺害（自爆攻撃）して行くという未来図が描かれています。

じっさいにはどうなるでしょうか？

「自己鍛造弾頭」という特殊な弾薬があります。爆発すると、指向線上に溶融したメタルを発射する、徹甲弾の一種です。軍用ヘルメットや「防弾ヴェスト」ではこれは防げません。人員殺傷用のスウォーム・ドローンは、各機がこうした爆発物を抱えて、それを圧縮空気でまずカプセルから射出し、機体からやや離したところで起爆させるようにすれば、自機は巻き添えになりませんから、戦果をカメラで見届けて報告した上で、何度でも反復出撃することが可能になるでしょう。

現時点で、米国内で将来有望と期待がかけられているのは「サイクロコプター」です。従来の、回転軸が垂直に取り付けられているマルチコプターとは根本的に違い、昔の外輪式汽船の「パドル・ホイール」のように、回転軸を機体から横へ突き出し、その軸が1回転するあいだに微妙に「迎え角」を変更する「ブレード」によって空気を掻き回し、揚力と推進力とを得るのです。その水平回転軸は複数なければならぬことはいうまでもありません。

「サイクロコプター」方式のメリットは、機体を「数十グラム」のレベルにまで小型軽量化したときに、乱流（たとえば自機が起こした気流が建物の壁に反射してきたもの）を受けても、楽々といなせるところにあるようです。

また回転するブレードの先端のスピードを抑制できることから低騒音化でき、蜂の唸りのような甲高いノイズによって敵兵に気付かれることもなくなるといいます。

さらに、地面を這って移動するモードから浮揚モードへそのまま移行することもできるだろうと考えられています。

あたかも昆虫のように、電池を節約しながら、ビルディング内の敵兵の動静をスパイできるわけです。

艦上機としての高速ＵＡＶの可能性

英国のＢＡＥシステムズ社は、固定翼ジェット練習攻撃機「レッドアローホーク」と概略同じサイズの完全無人の軽攻撃機「タラニス」を開発中です。

そこでわたしは提案したいのですが、「ホンダジェット」に使われている「ＧＥ　Ｈｏｎｄａ」製の「ＨＦ１２０」ターボファンエンジンを１基搭載した艦上無人軽攻撃機を日本は開発するべきでしょう。そのような機体ならば、海自の小型空母の狭い甲板上で運用したとしても、プロペラで人を傷つけたり、揮発性が強い燃料で船火事のリスクを倍化することもありません。

ホンダジェットの航続距離は２１８５kmもあります。似たようなサイズで、単発の無人機にしたなら、兵装を搭載してもそのぐらいの航続力を実現できるでしょう。

ロシアはUAVをどのように使っているか

ロシア軍の無人機導入は米軍よりずっと遅れただけでなく、メーカーや大学の研究部門にも中共ほどの人材はなかったようで、質・量ともに、まったく振るっていません。

しかし東ウクライナ戦線やシリア領内で実戦の運用を重ねているうち、次第に「固定翼機型UAVの手練(てだ)れ」になりつつあります。まだ武装型のUAVこそ製造できていませんが、米軍は決してあなどることなく露軍のUAV運用を注視しています。

数的な主力は「オルラン10」といって、高翼式のオーソドックスなプロペラ牽引(けんいん)飛行機の外形。自重15kgで、運搬時には折り畳み、カタパルトから射出されます。そこに、偵察用カメラなどのペイロードを5kgまで載せられます。2012年にデビューしました。

巡航時速は90km、実用上昇限度は5000メートルで、5時間の滞空が可能と謳(うた)われています。回収はエンジンを停止してパラシュートを開くことによります。

厳冬期のシベリアでも作動するのが自慢で、シベリアの国境警備や沿岸監視に多用されています。

このクラスだとUAVは半ば消耗品と思わなくてはいけません。ウクライナ戦線ではすでに数十機が墜落し、その一部が米軍によって調査されました。シリアル番号から2012年の登場いらいの製造数は数百機だと考えられるそうです。

その際に、ドイツ製のガソリンエンジンが使われていることも判明しています。ホビー機用にドイツが大量に輸出しているものが、転用されているのです。ウクライナ侵略の咎によって欧米の経済制裁を受けているロシアは、ドイツ製の模型用エンジンも本当は輸入できないはずなのですけれども、抜け道はあるようです。

ロシアが強力にバックアップするアサド大統領のシリア政府軍も「オルラン10」を飛ばしています。トルコ領に越境したものが1機、撃墜されています。

２０１６年以降、ロシア軍は「オルラン10」に電子戦用のデバイスを搭載して運用するようになりました。６㎞以内に所在する携帯電話の中継塔を探し当て、その機能を妨害するのです。３機を同時に飛ばせば、三角法によって中継塔の座標も絞り込めますから、改めて有人攻撃機で爆撃してもいい。味方のデジタル無線の中継も、このＵＡＶでできるそうです。

近年、ロシアも米国のＤＡＲＰＡに相当する機関を立ち上げました。「先進研究基金（Foundation for Advanced Studies）」――略してＦＡＳというそうです。

ロシアは２０１６年に、米国の港湾を水爆でふっとばせるＵＵＶ（無人潜航機）を開発したと宣伝しています。前後して米軍の諜報部門は、『サロフ』級潜水艦から「キャニオン」というコードネームのついた新開発のＵＵＶが発射された実験を探知しています。

ロシアの原潜を開発しているルビン海洋技術中央設計局では、次世代原潜『ハスキー』級のコンセプトを、UUVとの合同作戦を大前提にしてまとめつつあるようです。

「アウトロー」が有利に商売できる国際UAV市場

米国内の無人機メーカーは、1987年に米国が主導してまとめあげたMTCR（ミサイル要素技術を兵器開発後進国には拡散させないようにする西側先進国間の枠組み。日本もメンバー）が、トランプ大統領によって無人機に関しては劇的に適用緩和されることを強く望んでいます。

むろん国務省の役人たちとすれば、苦労してここまで保った「条約作品」であるMTCRに、一指も触れさせる気はないでしょうが……。

米国軍需企業の経営幹部たちが焦慮（しょうりょ）するのは、このままだと中共が「攻撃型無人機のT型フォード」を大量生産し、ダンピング価格で後進国市場をすっかり席捲してしまうだろうと予見ができることです。

MTCRは、飛行距離300km以上、ペイロード500kg以上の無人機について、大量破壊兵器になり得る性能だとみなし、その国産技術の無い国には売ってはならない、とします。

2017年6月時点で、MTCRには35カ国が加盟しています。中距離弾道ミサイルの拡散は、確かにこのおかげで抑制されたといえるでしょう。

中共政府は、アメリカ国務省主導のＭＴＣＲには署名はしていないのですけれども、米国から悪玉よばわりされるのも損であると判断して、１９９１年以降、大射程の弾道ミサイルを他国へ輸出したことはありません。けれども、ＭＴＣＲが〈巡航ミサイルの拡散に通ずる〉と懸念して厳しく規制をかける無人機技術に関しては、中共政府は半ば公然と無視してメーカーに輸出を続けさせています。

たとえば、中共版のプレデターとして中東やアフリカ諸国向けに輸出されている「彩虹（ＣＨ－３」〔詳しくは96～98頁〕のペイロードは５００kg未満である、とメーカーは公称していますけれども、それについてのどんな証明も存在しません。

飛行機においては燃料と兵装吊下量はトレードオフの関係にありますから、長時間飛べる大型無人機の燃料を減らしてやれば、ペイロードを５００kg以上にすることなどたやすいはずです。西側の兵器メーカーも、ＭＴＣＲの無人機規制項目が今では「合目的」的ではないと思っています。プロペラ駆動でゆっくり長時間滞空する偵察用の無人機と、ターボジェットの巡航ミサイルを一緒にされたのではかなわない、というわけでしょう。

１９８７年においては「ファイアビー」のような米軍のジェット推進式標的機（ターゲット・ドローン）が〈拡散されるべきではない無人機〉のイメージを代表していました。それらは小型のターボジェット・エンジンを有してはいても、普通の飛行機のように滑走路に「着陸」することは当時ではまず考えられませんでした（ファイアビーはパラシュート回収）。それをまさに巡航ミサイルの同類だとして、一緒くたに規制をかけたようです。

かたや、農薬噴霧ができるリモコン・ヘリコプターのペイロードに関してＭＴＣＲが輸出規制をしようとしましたのは、それが生物化学兵器の撒布に使われると懸念したからでした。

しかしこれも、今日のように各種のマルチコプター型のドローン（前述のとおり人間を１人持ち上げられるタイプすらあります）が普及してしまいますと、意味のある規制かどうかは疑わしくなります。マルチコプターの基本制御ソフトウェアは、誰でもネットからダウンロードできるのです。

２０１７年時点で、武装無人機は17カ国が保有します。攻撃用ドローンを国内で自製できている国は、米国、イスラエル、中共、トルコ、イラン、ロシアだといわれています。西欧諸国は、自由に安全に射爆実験できる空域が狭いのが祟っているのか、この分野では決定版的な自信作はプロデュースできていません。

そんななか、中共はすでに10カ国に武装ドローンを売っています。エジプト、イラク、ヨルダン、カザフ、ミャンマー、ナイジェリア、パキスタン、サウジアラビア、トルクメニスタン、ＵＡＥです。サウジアラビアに武装ドローンの工場を建設するという商談もまとまっています。

イスラエルはインドに「ヘロン」という無人攻撃機（公称ペイロード４５０㎏）を10機売るという契約を２０１５年に結んでいます。またイスラエルはロシアのメーカーに無人機技術を積極的に移転しました。

これに対して米国は、攻撃型のドローンを、これまでのところ、欧州の数カ国に対してしか輸出させていません。それもたとえばイタリアの場合は最初は非武装型のリーパーだけを許可し、イタリア軍からの強い要求で、やっと、その武装オプションを２０１１年に認めているのです。

「Ｆ－35」ステルス戦闘機を売るよりも、プロペラ推進無人機を売る方が国務省の審査のハードルが高い。米国内の無人機メーカーが怒り出すのも尤もかもしれません。

「BZK-005」とその後継機種

中共製のＭＡＬＥは、比較的知られているものだけで3系統以上あります。

その中でもわれわれが注視している必要があるのは、核兵器や大射程の弾道ミサイル、巡航ミサイル（対艦ミサイル）、長距離爆撃機を所轄している「第二砲兵」（16年以降は「火箭（ロケット）軍」）が２０００年3月に要求し、その設計コンペに勝って採用されているらしい「ＢＺＫ－００5」でしょう。

この無人機は、旧帝国海軍の触接（しょくせつ）用大型飛行艇（いわゆる「大艇」で、ハワイから米艦隊が出撃すると同時に上空からその刻々の針路を報告し続けることになっていました）のように、米空母艦隊のシナ大陸沿岸海域への接近を見張り、それが出現したときに洋上の座標情報を本土のミサイル部隊へ知らせ、可能であるならば大射程対艦ミサイルを中間誘導もする、特別なミッションを託されている陸上偵察機なのではないかと考えられるからです。

設計は、軍用機設計家を育成する「北京航空航天大学」で、それを黒龍江省の哈爾浜市にある航空機メーカーが製造しました。2011年以降、中共海軍もユーザーになっていると考えられています。ただし離陸には600メートルの滑走路が必要で、したがって艦船上からの運用はできません。

航空ショーに展示されて存在が世間から認知されたのは2006年でした。

外見は、イスラエル製無人機の「ヘルメス」とか「スーパー・ヘロン」のようなプッシャープロペラ式（機体の後ろ寄りでプロペラが回る）で、機体の後半部もツインブーム（双胴）形状。しかしウイングレット（主翼端で曲げられた小さな翼）はなく、主翼には後退角がついています。

肝腎のガソリンエンジンの型番が不明であるためにスペックには憶測が混じるのですが、常用巡航高度は5000メートル以上。重さ（最大離陸重量なのか自重なのか不明）は1・2トンで初期型「プレデター」と同じくらい。ペイロードは150kg、巡航速度は170km／時と公称されているのを信じるとして、おそらく片道2400km近くを往復できる航続距離はあるでしょう（それ以下では沿岸のミサイル部隊が納得しないはずなので）。ということは24時間以上の滞空ができなくてはなりません。

２０１３年９月９日、本機は魚釣島の北１６１kmを飛行しているところをスクランブルをかけた航空自衛隊の戦闘機により空撮され、その写真は公開されています。当時の内外メディアはこれが「翼竜」だと思い込んでいましたが、後から、そうではないことが知られました。

近年この「ＢＺＫ－００５」は、南シナ海の岩礁に中共が勝手に砂盛り工事をして造成した洋上基地島の滑走路上でも目撃されています。米空母艦隊の接近を見張るためには、発進基地は外縁にあるほど便利でしょう。

２０１８年以降、この系統の「輸出バージョン」が完成して、買い手がつけば、詳しい性能について、もっと明らかになるだろうと思われます。

米空軍の「リーパー」の活躍に幻惑されてＭＡＬＥの本質を見誤ってしまう人がいるかもしれませんが、ＭＡＬＥは「スローターボット」（無人殺害機）としてよりもむしろ、ＩＳＲの手段として戦争の帰趨を左右するポテンシャルを有する道具です。

有力な近代軍隊相手の攻撃型無人機の形状は、ＭＡＬＥよりも小型な機体をスウォーム運用（多数が同時に敵に殺到）することになって行くのではないでしょうか。

「彩虹」シリーズ

「中國航天空気動力技術研究院（ＣＡＡＡ）」製の「彩虹（ＣＨ）」無人機シリーズは、自国政府の資金補給に頼らず、技術系幹部の商業的な才覚により、外国であるパキスタンから開発資金を得て至短時間で製品をリリースしたという出発点がユニークです。同社はその輸出収益を再投資して製品をテンポよく改良し、会社規模も大きくしました。ちなみに「空気動力」というのは「エアロダイナミクス」の漢訳らしい。

同社がまだ官営の研究所であった1999年に深刻な軍需不況があって、仕事を積極的に取って来なくては、大学で修得したせっかくの専門知識も活かせなくなると、所属の若手研究者たちが発奮。2000年の軍主宰の新型MALE設計コンペには敗退したものの、独自に無人機研究を続けているうちに、たまたま2003年の航空ショーに訪れたパキスタンのエリート軍人からMALEの輸出について打診されたのが転機となりました。

パキスタン軍が400万ドルを提供し、会社はわずか1年で、炭素繊維製の近距離無人ビデオ偵察機「彩虹－1（CH－1）」を引き渡したのです（04年8月）。

その離陸はロケットアシストにより、回収はパラシュートを利用する方式でした。

「彩虹－1」からまた1年後、同社は「彩虹－2」を同じ方式の機体として完成し、パキスタンに納品した模様です。

さらに2007年には、スタイルを全く改めた「彩虹－3（CH－3）」を初飛行させました。

「彩虹－3」は、「先尾翼」＋「ウイングレットのある後退角付き主翼」で、胴体の尾端にプッシャープロペラ（ガソリンエンジン）、垂直尾翼なし、というユニークな形態です。

１９９０年代に中共陸軍がイスラエルから輸入した、ウイングレット付き三角翼の自爆型無人機「Ｈａｒｐｙ」の全体イメージが多少反映されているかもしれません。中共陸軍は２００５年になって、この取得済みの小型無人機の近代化改修をイスラエル企業に発注したのでしたが、米国が4月にイスラエル政府に横槍（よこやり）を入れ、手を引かせています。ＣＡＡＡ社は、これは自社にとっての好機であると考えて、純国産の「Ｈａｒｐｙ」もどきをこしらえ、人民解放軍に売り込もうと図ったのかもしれません。

「彩虹－３」は、常用高度３０００メートル以上で、滞空12時間以上。機外ペイロードは１００kg（ヘルファイア級ミサイルを2発吊下できることを意味します）。巡航速力が２００㎞／時で、航続距離は２４００㎞あるとされています。

次いで２００９年2月からＣＡＡＡ社は米国の「プレデター／グレイイーグル」の形態模倣に路線を切り換えました（ＣＡＡＡ社よりも儲けていたライバル企業の「翼竜」シリーズに倣（なら）った、とも言えるでしょう）。そうして完成したのが「彩虹－４（ＣＨ－４）」です。

山西省での初飛行が２０１２年。これを1機４００万ドルで国外のユーザーに売り込みました。当時、外形上同格の「ＭＱ－１　プレデター」は２０００万ドルしたものです。

２０１５年、イラク政府軍が「彩虹－４」を使って反政府ゲリラを空爆したというニュースが、世界を驚かせています。

じつはCAAA社は、寧夏回族自治区の中衛市と甘粛省の敦煌市に自社の射爆場を持っていて、外国の顧客から操縦学生を預かり、そこで自社の武装UAVを操縦させ、且つ、ミサイルの実射もできるところまで稽古をつけてやるというサービスを2009年以降、パッケージで販売していたのです。

たとえばミャンマー陸軍は「彩虹－1」の武装型である「彩虹－1A」の訓練をそのようにして受けたはずです。

CAAA社が「彩虹－3」に「プレデター」のような空対地ミサイル攻撃能力を付与することに成功したのが2009年でした。この「彩虹－3A」も、複数の外国に輸出されています（とても興味深いことに、最も熱心な国外パトロンであるパキスタン陸軍は一貫して武装型の無人機には興味を示さず、2012年に受領した「彩虹－3A」も、あくまで非武装のISR機として運用中です）。

CAAA社はイラクでの実績を引っ提げてサウジアラビアに売り込みをかけ、「彩虹－4」の生産工場をサウジ領内に建てるという商談を成立させました。

2016年の航空ショーでモックアップを展示し、17年に河北省でテスト飛行に成功した「彩虹－5」は、「リーパー」を意識してさらに大型化したようです。ペイロード1トンで、120時間滞空が可能だと標榜されています。

「翼竜（ＷＬ／ＧＪ）」シリーズ

人民解放軍空軍と人脈的に直結しているイメージのある「成都飛機工業集団公司（ＣＡＩＧ）」が中東やアフリカに売りまくっている殺傷型ＵＡＶが「翼竜（Wing Loong）」です。

非武装型の原型の開発は05年から。08年には中共陸軍が試験しているようです。最初から人民解放軍が顧客に決まっていた点はＣＡＡＡ社との根本的な違いでしょう。この原型「翼竜」にはまだ衛星と交信するためのパラボラがついておらず、リモコン距離は最高高度においてせいぜい２００㎞しかなかったはずです。

外国人の前に初めて機体が披露されたのは２０１０年の航空ショーでした。これは中共政府と中共軍が、その年にメーカーに輸出の許可を与えたことを意味しています。

パラボラアンテナを内蔵して衛星通信機能が付加された「翼竜－Ｉ」の機体はアルミ合金製で、外見は「リーパー」に似ています（プレデターとグレイイーグルはＶ字尾翼が下向きなのに対し、リーパーは上向き）。

しかし最大離陸重量１１００㎏は〈プレデターの模倣〉という性格を端的に物語るように思われます。

３５０リッターのガソリンでレシプロエンジンを回し、滞空20時間で航続距離４０００㎞というのが本当なら、巡航速度は２００km／時でしょう。５０００メートル以上には上昇できないようで、残念ながらインド国境やパキスタン国境では飛ばせません。

「翼竜－Ⅰ」は２０１１年にＵＡＥへ輸出されました。シーア派のイランからの脅威をＧＣＣ諸国（ペルシャ湾岸のスンニ派政府の集合）の中でいちばん切実に感じているのがＵＡＥに他なりません。

同国は当初、米国製「ＭＱ－１　プレデター」の導入を図ったのでしたが、米国政府は、ヘルファイアミサイルが発射できない「ＸＰ」と呼ばれる機能限定モデルしか売りませんでした。

そこでメーカーのＣＡＩＧは２０１１年以降、ＧＰＳ誘導のＳＤＢという米国製の細身爆弾（1発60kg）の同格品を2発、「翼竜」から投下できるように改造を開始します。

２０１１年８月に河北省の邢台(けいだい)市郊外の畑に墜落したと報道された無人機は「翼竜－Ⅰ」かもしれません。

ウズベキスタンは12年に購入しています。

２０１４年11月の航空ショーで、「翼竜－Ⅰ」の武装バージョンが「ＷＪ－１」（武装無人機－１）として外国人の前に展示されました。

このとき「ＧＪ－１」（攻撃無人機－１）として、自機が発見した目標をそのますぐに自機の兵装で攻撃もできるようになったという製品も展示されたのですが、会社の宣伝とは裏腹に2015年時点でもまだ、「翼竜－Ｉ」に偵察センサーとして合成開口レーダーを搭載した場合、同時に兵装は積めないことがわかっています。エンジンが非力なのです。

サウジアラビアは2014年5月に、機数未公表ですが「翼竜（ＧＪ－１）」を購入する契約書にサインしました。

パキスタンは2016年に自国内でテストしてみたものの6月18日に墜落させてしまっています。やはり高所には弱かったのです。

しかし低地では威力を発揮しています。エジプト軍は、シナイ半島の反政府ゲリラの籠もる3つの都市を2017年3月に「翼竜（ＧＪ－１）」で爆撃しました。

カザフスタンも2016年に2機買っています。

中国製のエンジンに良いものがないために「翼竜－Ｉ」は高山帯での運用に不安があります。そこで「ＭＱ－９ リーパー」のような、ターボプロップ・エンジンの搭載と大型化とが模索されました。

完成したのが「翼竜－Ⅱ」で、2017年3月に初飛行しています。6月にはチベット高原からインド国境に近づき、高山帯での運用ができることを世界にアピールしました。

最大離陸重量4200kgで、燃料（灯油系）を1トン搭載して20時間の滞空ができると標榜されています。

翼長は本家「リーパー」の20・5メートルよりはちょっと短いようです。

米国製の「リーパー」にはまだまだ性能は見劣りするようですけれども、「リーパー」の単価が3000万ドルと言われるのに対して「翼竜－Ⅰ」は1000万ドル。「Ⅱ」も価格が安ければ、買い手は必ずみつかることでしょう。

攻撃型無人機は低速であるがゆえに「誤爆」をしない

2017年末までのイラクおよびアフガニスタンで、味方の武装無人機から間違って攻撃を受けた地上部隊のケースは1件だけだそうです。有人の友軍機が味方を誤爆して殺傷した事故は過去に数十件もあるのですが……。

「プレデター／リーパー」のような無人機は、長時間ロイタリングが大前提になっており、燃料には余裕がありますので、倉皇（そうこう）の間に目標を選ばせられたり、大急ぎで攻撃の決心を迫られることもありません。

しかも、センサーが捉（とら）えている標的が本当に敵のゲリラかどうかを、コントローラーのチームの4人以上で判断してから、攻撃の命令が出されるようになっています。単座機の戦闘機とは、手順の慎重さが違うわけです。

ＪＴＡＣ（第一線の地上部隊と行動を共にし、専用無線機で味方航空機に対して近接空爆の要請をする係の将校）からの要請があっても、有人戦闘機のパイロットは、その空域が自分にとって危険であると考えたときには、その要請を無視することがあります（理由などいくらでもでっちあげられる）。それに対して、無人機がＪＴＡＣからの要請を無視することはないでしょう。

無人機は、攻撃要請を無視することもないし、誤爆もしないのです。にもかかわらず、人間の心理は面白いもので、ＪＴＡＣたちに訊くと、皆、無人機の方を有人機よりも信用ができないと思っていることが、米軍の調査で判明しています。

高速運動しないロボット兵器にこそ「ステルス」が要求される

超音速で運動する有人の戦闘機や爆撃機が「ステルス」性を追求しようとしても、それは原理的に無理があります。

強力なエンジンが放出する排熱量は大きく、感度と分解能が進歩し続ける今日の赤外線探知センサーをごまかしきれません。高速で大気中を進めば機体の前縁も空気との摩擦で高熱を帯び、背景とは異なった波長の赤外線を強く輻射（ふくしゃ）します。また、物体が通過した直後の大気は擾乱（じょうらん）されていますので、特殊な防空センサーがその「航跡」を見破ることも、いずれはできるようになってしまうでしょう。

しかし、低速で運動する無人機は、エンジンはさほど大出力ではありませんし、大気との摩擦で生ずる熱も僅少です。全重の軽い機体であるならば、巡航中に空気を激しくかきまわすこともないでしょう。

と同時に低速の無人機は、敵の戦闘機やミサイルに照準されたがさいご、回避して逃げるチャンスは乏しいのですから、敏捷な回避機動ができる有人の高速機よりもむしろ「ステルス設計」を切実に必要としており、且つ、そのメリットは大きいに違いありません。

同じことは、海底のロボット兵器である「沈底機雷」についても言えるでしょう。沈底機雷は今日でも探知が難しいものとされていますが、まったくみつからないわけではありません。まだまだ、素材やデザインにステルス化の工夫の余地があります。最高度にステルス化した沈底機雷と、最新のセンサーを備えたUUV（無人潜航艇）もしくは有人潜水艦の勝負は、おそらく動かない機雷の側にアドバンテージがあるでしょう。

ヒトの脳よりトリの脳

ステルス戦闘機の「F－35」がしようとしているように、自機からはレーダー波を一切出さず、つまり電波的に完全な「ステルス」を保ちながら、何km も離れた位置にある敵機を「発見」するには、どうしたらよいのでしょうか？

これを日々、易々と実行しているのが、野生の鳥類ではないかと思います。

家禽化されて久しい鶏の行動が、犬などに比べていかにも愚かしくみえるせいで、「トリの脳みそ」などという失礼な嘲笑表現すらあるのですけれども、たとえばツバメがあの小さな頭の中の「判断回路」を駆使して、障礙物の林立する超低空を高速飛翔しながら羽虫を空中捕獲しているありさまを観察すれば、「トリ頭」にひとまず敬服するしかありません。

猛禽類の視力が卓越していることも周知でしょう。

それにどうも野鳥には、じぶんたちのなわばりにかかわりがある住民の「個体識別」も、あきらかにできているようです。相当の遠距離から、人の「顔認識」「風体認識」、さらには「自動車識別」までしているのです。

げんざいAI業界では、人間の頭脳回路の解明が大テーマとして前路にそびえている状況です。ですが、むしろ世界の軍用機メーカーは「トリ頭」の究明をこそ急ぐべきでしょう。

「トリ頭」の判断機能をコンピュータで再現できるようになる時期は、人間の大脳の働きをコンピュータでシミュレートできるようになる時期よりも、きっと早く到来するはずです。空軍の業界にとっては、その時こそが「シンギュラリティ」なのではありますまいか。

もちろん『コンピュータには何ができないか』の中で著者のドレイファスが指摘している超えられない壁——身体を持たず、社会とかかわってこなかったコンピュータには、生物が生きている世界の常識を永久に得心できないはず――は、ここにも立ちはだかっています。

たとえば野生の鳥類は当然に身体を有し、その身体によって「鳥社会」の中を生きてきたので、何度となく自分よりも大型の鳥類から攻撃・威嚇された恐怖を記憶しているでしょう。また、視力によって「餌」を発見できないときは、おそろしい飢餓にさいなまれ（飛ぶ鳥は体脂肪率の制約から「食いだめ」ができません）、子育ても挫折します。そんな恐怖や苦悩が、鳥類の視覚をいやがうえにも鋭敏にしてきたはずです。かたや無生物の機械である戦闘機には、他の戦闘機を見かけて恐怖を覚えるべき理由などないのです。

しかしわたしたちは、未来の戦闘機が人間のようにわたしたちに語りかけてきて、冗談まじりの会話ができるようにまでなることは求めていません。

とりあえず、見渡す限りの空間の中から鳥の眼の敏感さで飛翔物を発見し、その飛翔物の属性（敵か味方か民間機か、空対空攻撃力のある機体か否か、など）の判別も直感的にしてくれるようになったら、十分に用は足りるでしょう。

「トリ頭」の神経回路を部分的に解明して電子チップ上に再現し、「F－35」戦闘機のような全周の光学センサーと結合させることが、世界の先端的空軍にとっての当面の開発目標になるのではないでしょうか。

その段階の先にこそ、人から「リモコン」をされずとも瞬発的に自律的に最善の判断を下してミッションを遂行できる「無人軍用機」があるはずです。

という次第で、もしかすると「トリ頭」コンピュータの実現は、空軍界における「局部的シンギュラリティ」になる可能性がありますが、それより前の段階があることを忘れてしまうのも危険です。

小型無人機には「トンボの脳」

たとえば、いっそう容量の小さな「トンボ頭」の解明からも、豊穣な成果は約束されているでしょう。

トンボは２億年以上も前に地球に登場し、数度の氷河期も、超温暖化時代も、隕石（いんせき）衝突による生物絶滅の危機すらも乗り越えてきた、サバイバビリティの優秀さに関しては折り紙付きの昆虫です。

水中に卵を産み付け、幼生もまず水中で育つというライフサイクルが、あらゆる環境激動を乗り越えられた秘訣なのかもしれませんが、成虫も、鳥に襲われればあざやかな瞬間機動でかわすことができ、空中で他の羽虫を捕食するときはその機動力を武器にしています。

敵軍のドローンを空中から駆逐してしまう「小型無人戦闘機」や、高速機に対してみずからはごく低速で空中を泳ぐように「ヘッドオン」でぶつかって行く、防御用の超小型ミサイル（全長

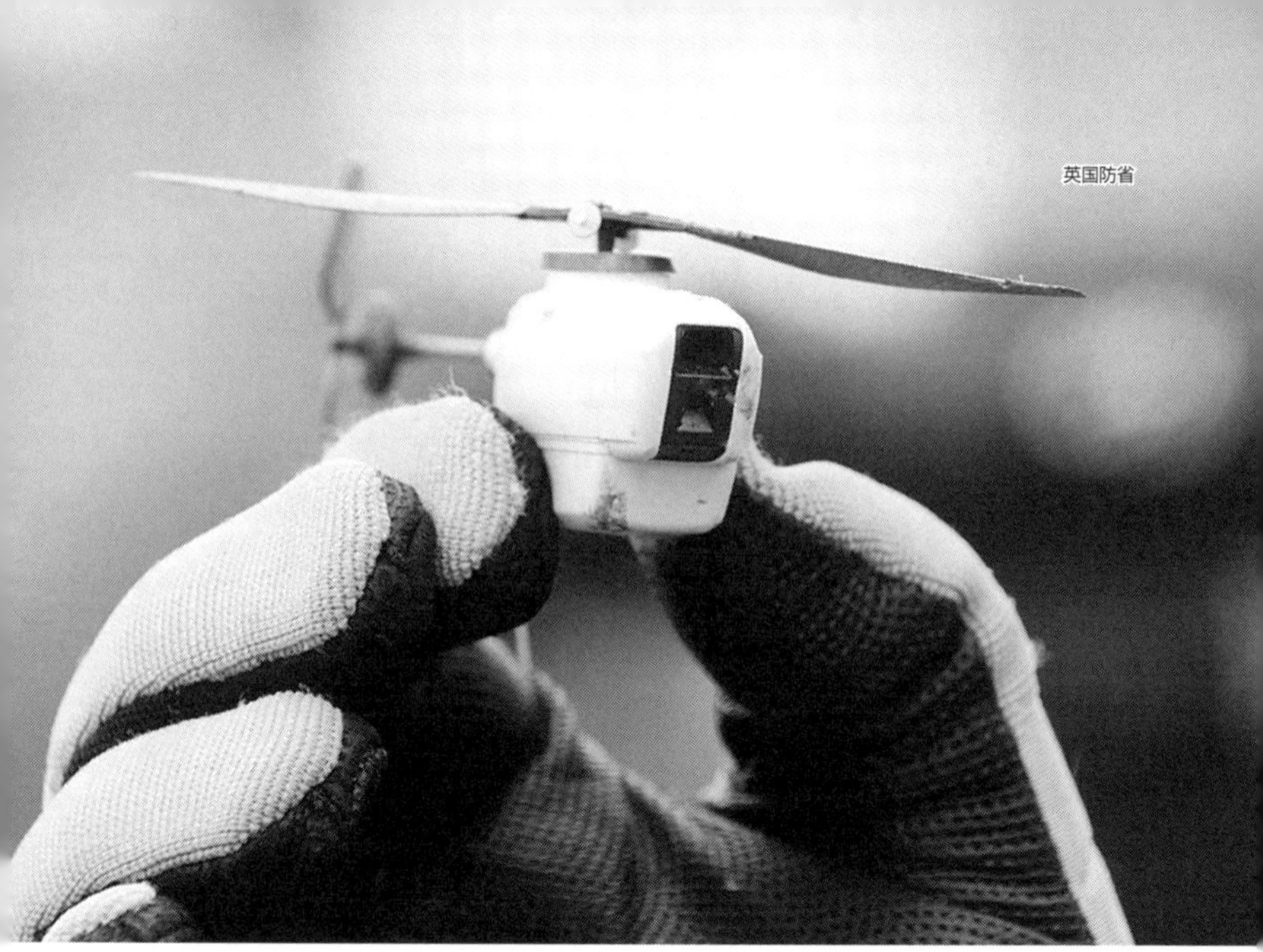

英国防省

現在、先進国軍隊で採用されている最小サイズのドローンは、この英軍特殊部隊用のブラックホーネットであろう。重さは16グラムしかない。逆に最大のドローンは、翼長40mの「RQ-4 グローバルホーク」だが、高度2万m以上に届く地対空ミサイルを装備している正規軍の真上を飛べないのは昔の「U-2」機と同じである。

60センチ以下ならトンビよりも小さく、パイロットの肉眼では真正面であっても200メートル以遠でそれを視認することはできず、したがって回避操作は絶対に間に合いません）には、この「トンボの脳」を電子チップ化したAIが、有用であるかもしれません。実現すれば、ドッグファイト中に戦闘機の尾部からリリースして、後方に食い下がってきた敵戦闘機を百発百中に「バードストライク」してしまうマイクロ・ミサイルの完成です。

手投げ式UAVが陸自にあれば

2017年5月15日、陸上自衛隊が運用するターボプロップ双発の連絡偵察機「LR2」（米国ホーカービーチクラフト社製の世界的ベストセラー輸送機「キングエア350」をベースに患者輸送用設備などを搭載したもので、米軍も「C－12」などの名で各種派生型を数百機、現用中）が、函館市内の入院患者を札幌医大病院に緊急搬送するために北海道からの要請を受け、丘珠空港を離陸して函館空港へ向かいました。

ところが当日は雲底が低く、ほとんど何も見えない濃霧の中を、計器飛行によって函館空港の西側から着陸するために高度を下げていた途中で、「LR2」は北斗市の袴腰山（616メートル）の東方3km、函館空港滑走路西端からはおよそ20kmの山中（茂辺地川の支流の戸田川の上流谷地の東斜面、標高約300メートル）に墜落してしまいます。機長以下4名の自衛官が殉職。函館空港のレーダーに映らないくらいに高度が下がった地点は、同空港から33km西方でした。

推定墜落時刻から約1時間15分後に航空自衛隊が、また1時間25分後からは海上自衛隊の航空機も、空からの捜索活動を開始しました。続いて陸自の函館駐屯地からも、トラックに分乗した徒歩捜索隊が出発します。

しかし墜落機と乗員の遺体が発見されたのは翌5月16日の午前10時40分。警察の陸上捜索隊に同行していた地元のハンターによってであった――と報じられています。

夜間の墜落機捜索が得意な器材を、自衛隊は持っていなかったようです。1985年8月に日航123便が墜落確実となってから、翌朝に群馬県の御巣鷹尾根で発見されるまでのモタモタが、ここでもまた再演されたな……とわたしは函館市に居て想わざるを得ませんでした。32年間、自衛隊のＩＳＲ基盤はほとんど進歩が止まっているのではないか？

「ＬＲ２」の事故現場は、渡島半島の南海岸を通る国道２２８号線の最近点からは直線距離にして９㎞、内陸を通る道道29号線からは３㎞もない位置でした。

道道29号線（上磯厚沢部線）は、国道２２８号線と海岸（北斗市茂辺地）にて接続していますけれども、冬季は梅漬峠（厚沢部町と北斗市の境）の前後が除雪されることなく不通になります。渓流釣りや山菜採りのために、あたりの山中に分け入る者は、ヒグマの襲撃を絶えず警戒しなければなりません。携帯電話も通じ難い土地でした。

低空用の使える偵察ＵＡＶさえあれば……

この行方不明機の捜索がずっと続いているあいだ、わたしが期待していたことがあります。道南の函館市と江差町の近辺に、超軽量の赤外線ビデオカメラを搭載したドローンの愛好家がいてくれたなら、夜間であれ、霧の中であれ、いちはやく墜落現場を見つけ出してくれるのではないか……？

墜落直後ならば、山の斜面の植生よりもエンジン部分が高温なはずですから、周辺より明るいスポットとして映じたはずです。削られた地面の温度も周辺とは違いますので、スペクトラムのコントラストが注意を惹いたはずです。

© I.M.

陸自の偵察ヘリは偵察器材が充実しているはずなのに、山中に墜落した航空機を夜間に見つける仕事では頼りにされていない。有人なので噴火した火山の真上から撮影することも不可能。また固定翼偵察機と比べて滞空時間が短い。米陸軍がとっくに有人偵察ヘリ「OH-58」を、滞空8時間も可能な固定翼無人機「RQ-7 シャドウ」で置き換える方針を打ち出しているのは妥当だろう。日本がそれに倣えないのは、国産旧装備の権益構造を守りたいパトロンの政治力が、無人システムを導入させたいグループの政治力を圧倒しているためであろう。

……残念ながらそのような愛好家はいなかったのですけれども、もしも米陸軍だったならば、こんなときにはきっと、最新型の「アパッチ」ヘリコプター〔216～7頁で解説〕か、さもなくば、歩兵中隊のレベルから装備している小型無人機を低空で飛ばしたに違いありません（地形との衝突を避けるために有人偵察機や中型の無人偵察機があまり高空を飛びますと、現場は、東風が吹いているときに函館空港に着陸する固定翼機がターンをする空域に近いため、いろいろとまずいのです）。

米陸軍で多数の下士官が手投げして飛ばすUAVは「RQ－11 レイヴン」といい、重さはわずかに2kg。その操縦教育にはたったの80時間しかからないそうです（大型の「プレデター」だとその5倍の練習期間が必要）。

米陸軍は「レイヴン」によって進化態に変わった

『種の起源』の著者チャールズ・ダーウィン（1809〜82）は、過去のどれほど強そうな生物でも、環境の変化や新たな敵の出現に対処してみずからを素早く変えることをしなかった種はすべて絶滅した（何も変わらずに数億年生き抜いたような種はひとつも無い）——と示唆しました。

生物や人間社会の「進化」の勘所（かんどころ）はそこだったのです。

米陸軍は1991年の湾岸戦争でイラク正規軍相手に快勝を収めました。が、2003年のイラク占領作戦の直後から、市街地でのしぶといゲリラ戦に直面し、「M1」戦車や「M2」歩兵戦闘車（重さが30トンもあります）を中軸に構成される重厚長大な機械化部隊では、住民と意図的に混在したゲリラへの対処は難しいと察しました。

これは、イラク人が米軍に対抗すべく「変化」してしまったことを意味していました。『孫子』のすぐれた理解者であった昔の武田信玄のように、あるいは1991年にパウエル統合参謀本部議長がブッシュ（父）大統領に進言したように、米軍が「一撃離脱」でイラク領から立ち去っていれば、敵性ゲリラの間で狡猾なIED（ゲリラ即製の大威力地雷。イラクとアフガニスタンで技法が発達した）戦術を洗練させることを許すこともなかったでしょう。

ところが、野戦で勝利した後、敵地に長く居座ろうとしたがために、敵人の方が米軍をじっくりと観察する機会を得て、時とともに米軍の弱点を見抜き、対抗術を編み出し、逐次にそれを改善してしまったのです。

獰猛（どうもう）な外来魚の「ブラックバス」や「ブルーギル」が、けっきょくは日本の在来魚を根絶し得なかったのと同じパターンでしょう。

池の中で同居することになった在来魚も、身近な強敵について学ぶ時間が長く与えられれば、いつしか対抗策を発見し、受け継いで「変化」を遂げる。同じことは人間の社会でも起きるのです。

イラクの米陸軍は、3個中隊からなる歩兵大隊の中に9セットの「RQ‐11 レイヴン」を装備させることを決めます。その1セットの内容は、「レイヴン」×4機と、コントローラー×2つ。ようするに3人の歩兵中隊長が常に1機の「レイヴン」を、自分専用の「空の目」として活用することができるようにしました。

中隊が車両で移動するときには「レイヴン」がルートの前路偵察をして、IEDが仕掛けられていそうな場所をチェックしてくれます。

野営するときにも、陣地の周りの夜間の見張りを、上空から継続してくれるのです（この機能は、近い将来には、地上からごく細いワイヤーケーブルで給電をされ続ける定点ホバリング式のマルチコプターによって引き継がれるかもしれません）。

荻生徂徠は言った。将軍がすべての知識を持たずとも問題はない。しかし、あるテーマについてよく知る者は誰で、そうでない者は誰なのか、その人事だけは分かっているべきである、と。陸自は、農薬散布用ドローンでいちばん成功していたヤマハ発動機や、既存の玩具ラジコン機メーカーに軍用UAVを発注せず、有人機メーカーに無人機を発注するという大しくじりを犯した。数十億円が使われたがいまだにUAVに詳しい幹部を大量養成することはできていない有様。写真の「レイヴン」も有人機メーカーには真似ができぬ高性能なニッチ製品だ。そして米陸軍の歩兵中隊長は、いまやふつうに無人機を己が目としつつある。

このふたつの仕事をやってくれるだけでも大助かりだというので、いらい、２０１７年までに「レイヴン」は２万機強が製造されています。１機は３万５０００ドルくらい。コントローラーやスペアパーツも含めた１セットは17万～24万ドルだといいます。

「レイヴン」の最新型である「ＲＱ－11Ｂ」は、重さが２kg弱。発進は、モーターを起動後、手投げすることによりますが、ゴムスリングを使えば体力も要りません。

バッテリーの電力で60分以上モーターが回り、平地で半径15km以内なら、リモコン機となるラップトップＰＣとの通信が維持されます。しかしたいていは、あらかじめ往復の飛行コースをＧＰＳ座標のウェイポイントを指定することによって覚えさせ、途中で気になるところで簡単なコマンドを送って定点旋回を続けさせる、というパターンが多いようです。

無線リンクが切れたときには「レイヴン」は離陸点に自動的に戻ります。もし意図しない地点で墜落した場合には、地上からの捜索回収を助けるビーコン信号を出します。

偵察飛行高度はふつうは１５０メートルです。必要とあらば最高３００メートルまで上昇可能。時速も最高90㎞出せますが巡航は40㎞／時台で、その電動モーター音はまず敵兵には聞こえません。

回収は、モーターへの給電を停止して「強制墜落」させるという、いちばん確実で簡単な方式です。さすがに２００回以上も回収するうちにはケヴラー製の機体主要部の構造にも傷みが蓄積しますので、本体部を新品に更新する必要があります。が、こうした軍用の小型ＵＡＶは初めから「消耗品だ」と覚悟して導入するのがむしろ合理的でしょう。じつは２０１４年に日本の防衛省は「スキャンイーグル」という、自重13～22㎏で手投げは不可能な機体×２と射出装置、操縦装置などの１セットが６億円もするボーイング社製の複雑な無人偵察機システムにいきなり手を出してしまったがために、試用中の墜落であっけなく大破させて以降はもう調査研究すら前へ一歩も進め難くなりました。謙虚・着実・堅確にまず「レイヴン」のような軽量クラスの輸入から学習を始めようとしなかった倨傲が、絵に画いたような予算の無駄を招いています。

一般に誤解があるかもしれません。日本の国内メーカーには、「レイヴン」の同格品すらも設

固定翼無人偵察機のスキャンイーグルは、米海軍、海兵隊、豪州陸軍、カナダ陸軍へも納入されている。ボーイング社が子会社化したInsitu社の製品だ。射出にはカタパルトが用いられ、回収にはユニークな捕獲機械が必要。もしUAV専用の「無人機母艦」が用意されれば威力は倍増するだろう。過去2年間、米国のバス用燃料電池メーカーであるバラードパワーシステムズ社の技術を本機に応用して滞空時間を延ばせないか、試験が続けられている。

計・製造する力量はないのです（他方ではまたMALEの設計力だってありません。低速だからといって、経験が無い企業にすぐ完成できるような甘い世界とは違うのです）。

外見だけ似たものはこしらえられても、パフォーマンスはお話にならぬくらいに劣ってしまう。小型軽量の無人機の方が、むしろ一層高度な技術と経験値が求められる世界です。「わが国は圧倒的な無人兵器後進国に成り下がっているところだ」という正確な自覚がまず必要でしょう。

米陸軍は「レイヴン」のリモコンとモニタリングの電波信号をアナログからデジタルに切り換えないと、傍受によって映像が敵ゲリラと共有されてしまったり、敵軍（中東で手ごわいのは、イラン人が教導しているシーア派部隊）によって簡単に電波妨害もされるだろうと2008年から認識し、2010年以後は通信をデジタル化した「レイヴンB」を採用しています。

デジタル化しますと、動画の解像度は上がり、しかも、同じ空間で同時に16機の「レイヴン」を飛ばしても混信が起きません。アナログだと、これは４機が限度だそうです。

最適サイズの結論は未だ出ていない

「レイヴン」級の小型ＵＡＶが敵にとってはいかに面倒な相手なのか、米軍は、中東の敵ゲリラが使用するイラン製の小型ＵＡＶ（自重２㎏）によって、初めて思い知らされたといいます。

まず、地上から撃墜する手段がないそうです。

歩兵が携行して肩から発射する対空ミサイルでは、照準も撃破もできないらしい。

さりとて、自動火器をやたら下から射ちかけますと、そのタマは最終的にまた地面に落下してきますので、味方の将兵や地域住民が大迷惑します。

誘導コマンド電波にジャミングをかけようと試みても、プリプログラムされたコースを偵察して戻って行くだけのＵＡＶには効かないでしょう。

もちろん各国の大小の兵器メーカーが、低空を低速で飛ぶ小型ＵＡＶを30㎞先から発見する専用レーダーであるとか、数㎞以内のＵＡＶを15分以内に無力化する技術（おそらくはＧＰＳジャマーによってＵＡＶの自己位置・自己姿勢把握をできなくするもの）などを開発して、売り込んでいます。しかし未だその決定版の出現は、報告されていません。長距離無人機でないならば、ＩＮＳ

（電子的ジャイロがチップ内に組み込まれた慣性航法ツール）だけを頼りに「帰巣」することも可能だからでしょう。

２０１８年1月5日〜6日、アサド政権を応援してシリアに駐留しているロシア軍の２つの基地に対し、反政府ゲリラが距離50㎞から市販品らしい固定翼ドローンに手榴弾を載せた自爆兵器を13機、スウォーム状に放って攻撃するという事件が起きています。ロシア軍はそのうち7機を電子的手段で墜落させたと主張しています。けっきょく6機は基地内まで突入し、３機が着地爆発。３機は信管が作動しませんでした。爆発威力が微小だったので被害もなかった模様ですけれども、ロシア軍もレイヴン級無人機を阻止する確実な方法は持っていないことが判明したわけです。

米海兵隊は、かつては「ドラゴン・アイ」というＵＡＶを使っていましたが、今では米陸軍同様「レイヴンＢ」のユーザーです。

レイヴンは、米軍以外では、イタリア軍、豪州軍、デンマーク軍等によって採用されています。また中共のメーカーを筆頭に「レイヴンＢ」と同クラスでより安価であることを謳う偵察用ＵＡＶが国際武器市場に売り込まれています。

手投げ発進のために全重は２㎏ぐらいに抑える必要があります。しかし当然ながら収納できる電池（や液体燃料）の重さは限られます。滞空時間を２時間以上にはできません。

それではUAVの進出距離が不満だと考える米軍特殊部隊は「レイヴン」よりもひとまわり重いUAVを試用中です。

そのひとつは「レイヴン」と同じメーカーが開発した「ピューマ」で、重さはレイヴンの3倍の6kgあります。3800メートルまで上昇でき、重いだけに、気流にあおられても動揺は少なく、高画質で安定した動画を得られるというのですが、交信を維持できる水平距離はレイヴンと同じ15kmまでです。それでも高いところから見渡せば遠くの様子を把握しやすいのでしょう。

「スキャンイーグル」クラスになりますと、運用するのに最低11名もの将兵が必要です。ただでさえ定員に2割も足りない陸上自衛隊が、こんなものを導入してどういう「進化」を遂げたかったのか、ちょっと理解に苦しむところです。

今日ならば、1人の兵隊が無人機11機を操作できるくらいにしていませんと、他国との競争には勝てないでしょう。

対人用自爆UAVの例

ポーランド陸軍は2017年後半に1000機の国産UAV「ウォーメイト」を発注しました。単価は2万8000ドルです。

自重4kgのこの無人機は、四角いコンテナから圧搾空気で射出され、よくある偵察任務をこなしてくれるだけでなく、必要とあれば、３００グラムの弾頭を装着して、片道ミッションの「対人自爆機」に仕立てることができるように最初から設計されています。そのさいの破壊殺傷力は大型手榴弾もしくは小型迫撃砲弾ていどですので、アパートの窓からテロリストのスナイパーが潜む部屋に飛び込ませても、隣の住民まで爆殺してしまう心配がありません。

偵察時の常用高度は４００メートル、巡航速度は１５０㎞／時で、滞空時間は30分以上あるそうです。無線コマンドは見通し距離までしか利きません。最前線の兵隊がジープに積んでおいて即座に使用する兵器だから、それでいいのです。

戦場上空をロイタリングして、指令一下、特攻自爆するこうした電池モーター駆動式の小型ＵＡＶとしては、イスラエルの「Ｈａｒｐｙ」や、米軍特殊部隊が２００９年に採用した自重１kgの「スイッチブレード」が既にあります（後者の中枢部品には、自重２kgの「レイヴン」のものが流用されています）。

ポーランド軍の兵器が注目される理由は、彼らは西ウクライナと事実上の同士関係にあるので、そのうちにウクライナ軍の手でロシア軍に対して使用されるに違いないと予想されるためです。

1秒間に41メートル前進する、このような小型ＵＡＶを、自動小銃で撃墜することは至難です。そう、「ＡＩ照準器」の助けを借りない限りは……。

嘆かわしいばかりな日本の現況

読者のためにここで自衛隊のＵＡＶ構想（たんなる調査研究や、米国から完成品を輸入するときの価格交渉を有利にするための駆け引き用の夢物語――ではないもの）について是非とも概説をしておきたいところなのですが、甚だ困惑させられますことに、どうも防衛省・自衛隊は、ＵＡＶの現勢についても、これからの装備構想についても、外部に説明できるような文書を持っていないようなのです。わたしはネット検索については自信がないため、それの得意な人にざっと捜索してもらったところ、数件しかヒットしなかったとのこと。

その１件は、陸自の北部方面隊の機関紙『あかしあ』で、ＰＤＦ形式でネット公開されているものでした。記事中に、第２師団の普通科連隊の訓練で「無人偵察機（ＵＡＶ）を新たに運用し、偵察任務・警戒監視任務において有効であることを確認した」とあります（17年６月号）。ところがそのＵＡＶの写真は添えられてはおらず、名称も書いてありませんので、果たしてそれが本格的な「スキャンイーグル」のことであるのか、はたまた「大綱別表」に載せる必要すらない安価なホビー用ラジコン機クラスの実験機（たとえば第８普通科連隊の平成26年の「ＵＡＶ飛行訓練」で使われているようなもの。名称不明ながらネットに不鮮明な写真が公開されています）なのか、読者には見当はつきません。

しかたありませんのでわたしが以下に想像を述べます。

陸海空三自衛隊が、既存アイテムのリプレイスではないまったく新規の装備品（たとえば本格UAV）を調達するためには「大綱の別表」にそれが記載されている必要があります。これは国会で左傾政党から突っ込まれたときに如才のない説明（たとえば北朝鮮が日本を攻撃できるミサイルを持ったから、それを監視し撃墜するための無人機である、中共が沖縄県の離島を占領しそうだから、それを奪回するための水陸両用車である、米軍も持っている、等）ができなければならぬのは無論のこと、なにより財務省との調整がありますので、たいへんな政治的資源（それを実現するために走り回らねばならぬ公務員たちの時間）を要求されるでしょう。財務省は、新規枠がひとつ欲しいのなら旧装備をひとつ捨てろ（廃止しろ）、と求めるかもしれません。たとえば米陸軍では、固定翼無人偵察機を導入すると同時に、高性能有人偵察ヘリコプター「コマンチ」の開発装備計画がキャンセルになっているわけです。もしそれに類したトレードを呑むとすれば、旧来のアイテムに深く関わったことで退官後に特定のメーカーや商社に再就職できたOBたちやその直系の現役後輩たちの生涯収入をフイにしてしまうことになるかもしれません。旧アイテムの開発製造に投資をしてきたメーカーも、調達打ち切りで大損失を蒙って防衛省を恨むかもしれません。優秀なサラリーマンほど、そうした真似はできかねるでしょう。

三自衛隊も防衛省も、エリート幹部の誰も、あえて「レイヴン」や「プレデター」を導入しようと手を挙げる者がいないままに、数度の「大綱」改定のタイミングはむなしく見送られてしまい、気づいたときには、もう米軍や中共軍の後ろ姿すら霞んで見えなくなっている、というのが現状なのだろうと思います。

東日本大震災のとき、福島第一原発を高々度から偵察してくれた大型高々度無人偵察機「グローバルホーク」の輸入（運用主体は空自）だけが予算的に確定していますが、国内の大規模災害（原発事故を含む）の航空写真を撮るのにこの機体がどうしても必要だとは言えないのです。地対空ミサイルを持っている北朝鮮軍のミサイル基地上空をゆっくり飛べるわけもありませんし、さりとて遠くから朝鮮半島内での弾道弾発射を見張りたいのならばそれ専用の特別なセンサー（場合によっては機体に匹敵する価額）も輸入しなければならぬはずだしで、どうも何をしたいのかが不明です。「ノリ」で買ってしまった不要不急装備のサンプルだとわたしは疑っています。しかし役所としてそれを認めるわけには死んでもいかぬところでしょう。

米海兵隊が伝統的にＭＡＬＥを運用しない軍隊であったことや、米空軍が高々度無人偵察機よりも有人の「Ｕ－２」の方をよほど愛する組織であること、そして無人機運用のリーダー役である米軍「特殊部隊」の存在が日本国内ではほとんど意識されない（わが国のすぐ近くに深刻な内戦が打ち続くような失敗国家群は少ない）ことも、影響しているのだと思います。

「グローバルホーク」は「エアボス」練習機のつもりか？

米国やロシアのように、みずからのアクションに他国がもし反発したなら戦争でも何でも受けて立とうじゃないかという気概と実力の相備わった国柄であったならば、ＢＭＤ（弾道ミサイル防衛）のオプションも無限にあると申せましょう。

しかしわが日本国のように、隣国の反発を恐れて、為すべき「報復」すらできかねるような情けない政府には、ＢＭＤのオプションもまた、狭いものです。

航空自衛隊は、自国の「政府の質」がよくわかっていないように見えます。彼らは90年代から「エアボーンレーザー」（大型航空機からレーザー砲を発射できる兵器。ＡＢＬ）を取得したいという奇矯な夢を追い続けています。

全国28カ所の防空レーダー基地をリンクして領空侵犯を見張る地上警戒管制システムと、陸上から発射する最終段階迎撃ミサイル（ＰＡＣ－３）は、ともに航空自衛隊の管掌です。

が、現在の日本のＢＭＤ体系では、敵ミサイルに関する最初の情報は米軍のＤＳＰ早期警戒衛星と、日本海の中部までレーダー・ピケット艦となって進出する海自のイージス艦（この艦からは対弾道弾用のＳＭ－３は発射しません）からもたらされます。そしてその情報を承けての迎撃の尖兵も、日本本土の近くに占位する別のイージス艦（こちらはレーダー・ピケット任務は負いません）から発射される「ＳＭ－３」が担（にな）うのです。

このように日本の「防空」の第一線が、空自ではなくて、海自の「仕切り」の下に置かれるかもしれない趨勢に、空幕は焦りを感じてきました。

「Ｆ－35」戦闘機の導入が決まる前の空自にとって、一大朗報アイテムのように思えたのが、空中から敵の弾道ミサイル発射の赤外線を探知できる「エアボス」という高々度無人機システムと、発射直後に垂直に上昇して行く敵の弾道ミサイルを「ボーイング７４７」型機に搭載したレーザー砲によって成層圏内で撃破してしまおうという「ＡＢＬ」だったのです。

中距離弾道ミサイルの核弾頭部分は、直径が1メートル未満。大気圏再突入に備えて、頑丈な殻で覆（おお）われてもいます。

それを宇宙空間であるミッドコースで破壊できるのは、わが迎撃ミサイルのヘッドオン（正面衝突）直撃によるほかにないのですが、相対速度が大きすぎて、レーダーの反射電波を解析している暇（いとま）すらも無いために、赤外線イメージセンサーだけを頼りにコースを微修正します。それで当たるかどうかは、正直なところ「不確定性」の世界でしょう。

ところが、上昇途中の弾道ミサイルは、比較的に低速ですし、燃料タンクという巨大な「腹」を見せてくれてもいます。およそロケット筒体の外壁は、シビアな軽量化の要請から、厚さが1ミリ前後しかない上に、風船のように内圧もかかっています。空気が薄く雲にも邪魔されない成層圏内であれば、４００km先から発射したレーザーパルスによってその外鈑に傷をつけることが可能だと米国メーカーは当初考えました。燃料が入った筒体に小孔があけば「風船」は破裂します。複数の弾頭やデコイ（囮）が搭載されていても、まとめてただ一閃で始末してしまえるのです。

　上昇段階の敵の弾道ミサイルはまた、強烈な熱線を輻射しますので、遠くからも探知しやすく、直線運動ですから追随照準も簡単なものです。

「対空ミサイル」の世界では、遠ざかりながら加速中の目標を、追い討ちで撃墜することは、物理的にも、また未来位置予測のアルゴリズム上も、まず不可能です。ＡＢＬだとこちらは光速なので、そうした難問がありません。米軍は孜々としてこのプロジェクトを推進中です。

　２０１７年末時点で、米国のミサイル防衛庁は、無人機に数キロワット級のレーザー銃を搭載するシステムの試作を、ロッキードマーティン社、ジェネラルアトミクス社、ボーイング社に発注しているところです。

　ですがもし日本がこうした米国製のＡＢＬの初期型をいつか手にしたとしても、「撃墜判断の法的責任問題」が大きな障碍になることは間違いないでしょう。

　次章でも述べますが、弾道ミサイルの垂直上昇中には、それがいったいどの国を狙って発射されたものかは、ＡＩであろうと判断しようはないのです。一方、ＡＢＬによる撃墜のチャンスは、敵の弾道ミサイルのブースターがまだ燃焼している垂直上昇中に限られます。なぜならモーターが燃えきったあとの筒体にレーザーで小孔を開けてみても、内圧はゼロだし、核弾頭にはすでに最終の方位と仰角とスピードとが付与されてしまっている蓋然性があるからです。

レーザー砲にも射距離の限度があります。雲のない成層圏の空気もビームを減衰させます。大気圏外といえどもまったくの真空ではありません。おまけに地球は丸い。

レーザー兵器の有効射程４００kmとやらがいつの日か実現したとしても、シナ大陸の海岸線から奥地までとなると、もう数千kmもの懐の深さがあるわけです。

全国土が、日本海側の海岸から測って３００km以上の奥行きを有せぬ北朝鮮が射ち上げるロケットを、それが向かう先には頓着せずに問答無用で片端から撃墜するという乱暴な作戦にしか、ＡＢＬは役立たないでしょう。もちろん、今の日本政府の公式の立場では、そのような兵器運用は、たとい相手が北朝鮮であっても、最初から不可能です。

海自のＢＭＤはミッドコース狙いですから、中共が日本を狙った中距離弾道ミサイルに対しても限定的な阻止力を発揮するかもしれないと想像し得ますけれども、空自のＡＢＬにはどう考えても「対支」の効用はゼロ。もしそんなものに有限の予算を割くとすれば、日本の防衛当局は無責任のそしりを免れないでしょう。

これはわたしの推測ですが、当時の空幕には、米国がもしＡＢＬを完成したとしてもそんなスーパー兵器を日本に売ってくれるわけがない（なぜならそれはロシアと中共と韓国を激しく反発させ、わが国にはその反発を一蹴して米軍を安心させられるほどの力量がある政治家はいない）ことや、幸運にも日本がＡＢＬを持てたとしても、法的な制限からそれを使うことなどできやしないという、現実政治についての想像力が著しく欠けており、たんに予算がとりやすそうな「対北鮮脅威」アイテムだからという理由で「エアボス」の国内開発や高々度無人機の導入を揚言したのに、「グローバルホーク」の輸出に前向きな米国がすぐに応じてくれたものだから、そちらの商談だけがとんとん拍子に実現してしまった——というところではないでしょうか。

送電線鉄塔カメラが救世主になる

日本の山地には、高圧電流の送電線とその鉄塔が、他国よりも高い密度で存在するように見えます。こうした環境も、有人／無人の偵察用航空機が、夜間に低空域で捜索活動することをひとしお難しくしているでしょう。

しかし短所が長所に転じ得ることもあるのです。

ひとつひとつの送電鉄塔の上に、夜間でも３６０度を撮像できる監視カメラを設置しておけば、もし山の中に何かが落ちたときに、すぐにその場所や方向が特定できるようになるでしょう。

テロリストやゲリラがドローンを飛ばしてきたときにも、この鉄塔上の監視カメラのネットワークは役に立つでしょう。不法投棄犯罪だって抑止されるでしょうし、山菜採りをしていて道に迷った高齢者の追跡にも重宝するはずですよね。

送電線は人々の生活にとってなくてはならないインフラですから、反日テロリストの破壊工作の対象に、とうぜんになっています。なによりも送電鉄塔の自衛手段として、監視カメラが必要です。

昔は鉄塔基部のボルトをレンチで緩めるだけで、素人でも送電鉄塔を倒壊させることが可能でした。今は多少の対策が講じられているはずですが、プロの潜入破壊工作員ならば、比較的少量の爆薬（導爆線のような火工品）を使って、やはり使命を達成してしまうでしょう。

たとえば原子力発電所は、その敷地内を巡航ミサイル等で攻撃されずとも、発電所から外部へ電力を送っている架線がことごとく途中で切断されたり短絡させられてしまった段階で、自動的に安全器が作動し、運転がシャットダウンされるようになっています。

高圧送電路の復旧には平時でも何カ月もかかるものです。これが戦時であったなら、たいへんな混乱を招くでしょう。

つまり日本の敵国に気の利いた戦争プランナーがいたならば、日本国内をエネルギー・パニックに陥れるためにわざわざ原発やダムを攻撃する必要などはないのです。プロの潜入ゲリラやアマチュアの雇われ工作員が目立たないようにあちこちの山の中で送電鉄塔を倒したり、水素を充塡したアルミ蒸着風船にカーボン繊維を結びつけたもの多数を電線の下から放流して電路を短絡させるなどの妨害を一斉に試みるだけでよいわけです（新幹線などの電化鉄道の多くも同じ弱点を抱えています）。

原発は場所が限定されていますから対テロの警備計画もいちおうは立てられるでしょう。しかし高圧送電線は、日本じゅうの山の中を縦横に結んでいるものです。1年365日×24時間態勢でその全線を地上から警備することなど、電力会社にも警察にもできません。

すべての鉄塔に全周監視カメラを設置することによって、戦時や災害時に損傷を受けた鉄塔や高圧電線の位置と状況とを即座に把握することができるようになるでしょう。テロリストの意図的な破壊工作もやりにくくなるでしょう。そして万一、航空機等が墜落したときには、捜索すべきその座標を最初から狭い範囲に絞り込んでくれるはずです。

近隣の敵国から弾道ミサイルや巡航ミサイルが飛来して山地に着弾したという場合も、この鉄塔カメラのビデオ画像情報を総合することによって、位置を特定しやすいでしょう。

わが国の官公署のＩＳＲの薄弱は、このようにしてカバーするしかないのではないでしょうか。

コラム　生き物の判断の効率は「思い込み」と裏腹

昔わたしがアパートで独り暮らししていた頃……。当時、秒針が音を立てずになめらかに回り続ける電動の置時計（クォーツも入っていない古いもの）を気に入って使っていたのですが、その前面の透明カバーに、小さい黒い点がじっとへばりついています。粘る糸の罠（わな）はこしらえずに、室内を歩き回っては獲物に飛びついて狩りをするタイプの蜘蛛（くも）でした。

どうやらそいつは時計の秒針を、ヤスデの細い個体か何かと思った様子で、秒針の先端が目の前を通り過ぎるや電光石火の動きで飛びかかるのですが、もちろんのことに透明プラスチックカバーがあるために「相手」をおさえ込むことはできません。

蜘蛛は同じ攻撃を何度でも繰り返します。しばらく観察していましたが、夜でしたので、こっちの方が根負けしました。

翌朝、その蜘蛛は河岸を変えたようでしたが、夜になりふと気付くと、また、置時計の文字盤の前面カバーにそいつがはりついている。

けっきょく、そいつは数日間、透明カバー越しの「ヤスデの幻影」を狙い続け、ようやく現れなくなった……と思っていたら、数週間後にまた文字盤の上で同じ「狩り」をやっていたものでした。

まあ蜘蛛なんてそんなものだろうと長らく思っていましたところ、つい数年前ですが、わたしの評価は一変します。

当時、愚妻が、よせばいいのに水棲（すいせい）の亀の子をいちどに3匹も買ってきて、ひとつの水槽で飼っていたのです。

たまたまわたしは部屋の掃除中に、例の小型蜘蛛を捕まえたので、それを生きた餌として水槽へ投入してみました。

小蜘蛛はただちに自分が置かれた危機的シチュエーションを理解したらしく、水中において、子亀の背中から背中へと巧みに飛び移ることで「丸呑み」を逃れ続けます。いったい、狭い水槽中で3匹の子亀から波状攻撃を受けるなどという経験をこの蜘蛛がそれまで有していたわけがあるでしょうか。北海道には野生亀はほとんどおらず、いたとすれば誰かが捨てた大型の成体だけです。縮こまると小指の先ほどしかない蜘蛛の、さらにミクロな脳神経が、瞬時に最適なサバイバル機動を「発明」するのだとしか、わたしには思えませんでした。しまいにはこの蜘蛛、相手が老練な敵ではないと「貫目（かんめ）」を見切ったか、水中で手足を広げて「威嚇」のポーズを取り、真正面に迫った子亀をひるませたその隙に、水槽の底にある岩石の隙間に潜り込んで、気配を消しました。後で確認してみたところ、そのまま小蜘蛛は窒息死したようです。水中でこれだけの運動をすれば、さすがに酸欠にもなるでしょう。

絶体絶命のピンチにはこれだけの身体的インプロヴィゼーション（即興）を編み出すこともできる小蜘蛛が、他方では「フェイク動画」をいつまでも見破ることができない……。どうも生き物の脳は、何かがものすごく効率的になっている代償として「騙されやすい」のかもしれません。

動物や人間は、「勘違い」と紙一重である「思い込み」「予断」のセットを持っているから、スーパーコンピュータでもないのに反応が速いのでしょう。もしそうなのだとしますと、ひょっとして「人間並みＡＩ」は、「人間並みに騙されてしまうＡＩ」になっちまうのかもしれないですよね。

第4章

AIは対ミサイル・バリヤーになるのか？

イスラエルのレーザー砲

レバノンのヒズボラ、および、ガザ地区のハマスという二大ゲリラ勢力によるロケット弾攻撃から自国の都市を防空するために2005年から配備されている、イスラエルの「アイアンドーム」というシステムがあります。

その迎撃ミサイル「タミール」は、1発が9万ドルもするそうで、コストパフォーマンスが良いとは言えません。なんとか、ミサイルではなくてレーザー光線を使って迎撃ができないものか、研究に注力されているというのもうなずける話でしょう。

おそらくはその途中段階の研究成果なのでしょう。ロケット弾の破壊までは無理でも、低速のUAVならば撃墜ができるかもしれないというレーザー砲の実用化の目処(めど)が、イスラエルでは立ってきたそうです。

出力5キロワットのレーザーにより距離2000メートルまで有効だと宣伝されています。けれども、まあこれは割引いて聞く必要がありましょう。ちなみに「タミール」は、射点から50km離れた空中で迎撃が可能と宣伝されています。

システム付属のレーダーは、敵の小型UAVを距離30km以内で探知すると謳(うた)っているのですが、米国のDARPAですら、敵のスウォームUAVを1km以上先から発見するのが課題だ、と言っているのですから、これは誇大広告かと思います。脅威の高度は、低いほうの10メートルから、高いほうは１万メートルまでを考える必要があります。

妨害電波によってＵＡＶと地上コントローラーとの間の通信を邪魔し、ＧＰＳ信号も狂わせてやれば、２０００メートルよりも遠いところでＵＡＶを墜落させられる可能性があるので、イスラエルのメーカーとしてはむしろそちらの手段を主用したいようです。ただし現実には、飛行コースを予め（あらかじ）プログラム指定されていたり、ＧＰＳのような航法衛星の電波に依存せずにＩＮＳ（慣性航法ジャイロ）機能のある電子チップで姿勢制御と自己航跡把握ができるＵＡＶに対しては、生半可な電波妨害は無効でしょう。

イスラエルはこのレーザー砲をトラックの荷台に載せ、最低２門で対空射撃ユニットを構成させるつもりのようです。もちろんレーダーや発動発電機もトラックに搭載されます。レーザー砲をもっと増やしたい場合は、それとともに発動発電機も増やさねばなりません。

イスラエル国内でＵＡＶの接近を警戒しなくてはならない施設のひとつとして、同国は「捕虜収容所」を挙げています。塀の中の捕虜に、外から武器を手渡すためにも、敵はドローンを使うからなのだそうです。

「AI以前」の問題がある日本のBMD（弾道弾迎撃）態勢

「弾道ミサイル」の弾道（バリスティック）とは広義の「抛物線（ほうぶつせん）」の意味です。手で石ころか何かを抛（ほう）り投げると、手から離れた瞬間から石ころは、終始、地球の重力に引かれながら「惰性」に従って動いているだけですよね。鳥のように、空中で何か特別な「機動」は、しません。

じつは、単弾頭の、ほとんどの弾道ミサイルは、飛翔コースの大半がこれに近いものです。高度とエネルギーを失った人工衛星のように、さいごは素直に地表に向かって大気圏内を落ちて行くだけなのです。

「それなら、ただのロケット弾とどこが違うのか」と思われるかもしれません。

ロケット弾と弾道ミサイルの決定的な違いは、発射直後にあります。

ロケット弾は、最初から目標の方位に正確に向けられ、斜め上へ飛び出します。もし仰角（ぎょうかく）が45度前後であれば、その飛距離は最大になるでしょう。

しかし一般的な弾道ミサイルは、発射直後の数分間（北朝鮮から東京を狙う弾道弾であったなら1～3分間）は、ほぼ垂直に上昇します。

空気抵抗が大きく、ロケット燃料を損してしまう大気圏内を、できるだけ早く通り抜けて宇宙空間へ出てしまうことがエネルギーの節約となり、その分、射程を延ばしたり、ペイロード（弾頭重量）を増したりできますので都合が良いのです。

弾道ミサイルは、そうやって大気圏を飛び出すやいなや、徐々に所期の仰角と方位角に飛行姿勢を変えなくてはなりません。このときに、精密な自律誘導（もしくは地上からの電波誘導）が絶対に必要です。だから、ただのロケット弾ではなくて、誘導される「ミサイル」（誘導弾）だと称する次第です。

ただのロケット弾は、斜め上に打ち出され、飛翔する初めの段階（ほとんど数秒）で、ロケット・モーターを全部燃やし尽くすでしょう。もしその弾道を相手側陣地の方から「対砲レーダー」というレーダーで観測することができれば、発射された瞬間に、攻撃を意図している方位はハッキリし、ついで、モーターが燃え尽きた直後（発射から数秒後）には、攻撃を意図している座標（落下させる距離）も概略判明します。もちろんコンピュータ・ソフトが半自動で算出するからです。

ところがこれに対して弾道ミサイルは、打ち上げてから1分かそれ以上もしなければ、そもそもどの方位へ飛ばそうとしているのかが判明しません。また、そこからさらに1～2分も経過して、所期の飛行姿勢になって、所期のタイミングで、ロケット・モーターの推力がカットされた後でなければ、落下しそうな座標が算定できないのです。

ミサイルの弾頭部が、あたかも「手から離れた石ころ」と同じ状態になり、惰性の運動（慣性飛行）を始めてくれない限り、「石ころ」の「初速」が確定しませんから、相手陣地側のミサイル警戒レーダーのコンピュータにも、飛距離は推定しようがありません。

たとえば、その弾道ミサイルが日本海に落ちるのか、日本列島に落ちるのか、日本列島もまたぎ越して太平洋に落ちるのかは、何とも言えないという「死節」が暫時、あるわけなのです。

東シナ海や日本海に進出して洋上から敵性隣国の弾道ミサイル発射を監視し続けているわがイージス艦が、高性能のレーダーで大陸や半島から発射された弾道ミサイルらしきものを捉え、その上昇中、ずっとレーダーで追尾し続けることができたとしても、その弾道ミサイルの未来コースを正確に予見できるようになるのは、この「慣性飛行」が開始されたところよりも後に限られてしまいます。こればかりは、どうしようもありません。

ロケット・モーターの推力がまだカットされずに、ミサイルが引き続いてどんどん加速されている段階では、いかなるＡＩであろうが、そのミサイルの最大到達高度や、弾頭の落下点を計算できません。したがって、いくら「迎撃」をしたくとも、手が出ません。

イージス艦から発射する弾道弾迎撃ミサイル「ＳＭ－３」は、敵の弾道ミサイルの未来コースを逆向きに正反対に前進し、宇宙空間において精確に真正面から衝突することによって撃摧する方式ですので、敵弾道弾の未来コースが正確に計算されない限りは、万に一つも命中させることはできません。

発射後2分くらいの、方位角が生じて来ている段階となれば、その延長線上に位置する都市の名前を列挙することは可能になりますが、発射直後の垂直上昇の段階ですと、その列挙すらも不可能です。ひょっとして、日本列島とは無関係な方向に、その弾道ミサイルは向かうつもりなのかもしれません。誰もそれについて断言はできない「数十秒」があるわけです。

「開戦前」のブースト上昇中の撃破は法理上不可能

このことは何を意味するかというと、「専守防衛しかしません」と政府がひごろ公約し続けているわが日本国が、仮の話、北朝鮮や中共の弾道弾が上昇を開始した直後の1〜3分間くらいの時節に、たとえば強力な空対空レーザー砲によってそれを撃破してしまえる手段を手にしていたとしても、もしもその時点では未だ北朝鮮なり中共なりが、わが国もしくは米国に対して「すでに開戦しました」という客観的な心証を世界に与えてはいなかったならば、自衛隊がそのブースト上昇途中の弾道弾を破壊してもよいという軍事行動の正当化理由は、少なくとも日本政府にはすぐには用意ができません。

なぜなら、発射後2分ぐらいでは、その「飛翔体」は弾道ミサイルではなくて宇宙ロケットかもしれないからです。またもしそれが弾道ミサイルであったとしても、果たしてそいつが日本や日本の条約上の同盟者たる米国・米軍を攻撃するコースを飛翔するのかどうかは、断定ができないからです。

関西が「まる裸」だった理由

果たして未来のAIは、弾道ミサイルで他国を攻撃する側を有利にするでしょうか。それとも、それをBMDで禦（ふせ）ぐ側を有利にしてくれるでしょうか？

BMDというのは、敵が発射した弾道弾（バリスティック・ミサイル）に対するわがほうの防禦（ぼうぎょ）手段（ディフェンス）を総称した術語です。今から20年くらい前だとTMD（戦域ミサイル防衛）と言い、これはICBMについては阻止ができないものであることが、呼び名によって暗示されていました。

その防禦対象とする脅威に、弾道ミサイルではない「巡航ミサイル」——大気圏内を翼面揚力（ようりょく）を利用して飛翔するミサイル——も混ぜていっしょに考えたいときには、「B」は外して「MD」と呼称します。

わが国のMDはいずれも米国から買ったシステムで、二本建てとなっています。ひとつは、特別な改造をされた「イージス艦」から宇宙空間に向けて発射できる「SM-3」という射程が長いミサイル。もうひとつは、特定の狭いエリアの直上だけを防空することができる、大気圏内の低層での迎撃が専門の「ＰＡＣ－３」というミサイルです。

ところで一時期、「ＴＨＡＡＤ」というやはり米国製のとても高額（なのに完成度は高いとはいえなかった）な対弾道弾防空ミサイルを、第三のシステムとして調達してはどうかという話が、日本国内で不思議に盛り上がったものです。なんでだろうと思っていましたが、最近すこしだけ背景が理解できました。

自衛隊は戦後、おおまかに米軍に倣（なら）ったとは申せ、米軍とあからさまに流儀を異にするところもあります。たとえば「ナイキ」「ペトリオット」のような長射程の地対空ミサイルの所轄もそうです。

米国ではこれは、陸軍の担当なのです。しかし日本では、航空自衛隊の古い全天候迎撃戦闘機（地上からレーダーで誘導され、地上からの指図で長射程の空対空ミサイルを発射すれば、暗夜の雲中であろうとも敵の核爆撃機をうまく撃墜できる）を廃して、一段式の地対空ミサイル「ナイキ」を導入するときに、地上からレーダーで管制する仕組みはほぼ同じであるという理由から、これを航空自衛隊の担当とすることが決まったのです。要は組織の「権益」を維持することが配慮された。

これは何を意味するか。わが自衛隊の「ペトリオットＰＡＣ－３」は、ふだんは航空自衛隊の基地の中にしか置いておけません。

おかげで首都圏の防空だけはとんとん拍子に整備ができましたものの、大阪や京都はいつまでも「PAC－3」によっては守らぬままになったのです。なぜなら、名古屋の小牧基地から西、九州の築城基地から東には、航空自衛隊の広い基地は無いためです（狭いレーダーサイトなら数カ所ありますが）。

さすがに大阪が無防備ではあかんやろという話になり、〈関東をTHAADで重厚に防空する。その暁には、関東のPAC－3部隊は、あらためて関西圏の防空任務に転用するべく、なんとか再配置先や運用術を考える〉という道筋が、いったんは内定しそうになったらしい。

ですが、敵国の発射機側から見て攻撃選択目標が横方向に広く散在する（日本列島の地理的な連なりゆえ）のに、「THAAD」1基でカバーできる水平距離は十分でなく、その割にはシステム価格があまりに篦棒で、必要調達ユニット数や部隊の新編や訓練や宿舎等のやりくりまでも勘案したら、「地上配備型イージス」の方が断然にコスパが良いと試算され、結論として「THAAD」の線は消えたようです。

「地上配備型イージス」の所轄は、陸上自衛隊に決まりました。海自は「イージス」艦、空自は「F－35」戦闘機という巨大権益（アメリカ絡みの装備であるため、いったん導入が決まれば後からその予算を大きく削られる心配はない）を確保できています。しかし陸自にはそのような目玉権益がなく、これまでも平時充足現役兵数を削減される一方で、お役所組織としてはまことに苦境に立たされていました。これで一発逆転につなげたいところでしょう。

当面の心配は、レーダー用地の確保です。秋田市の「新屋演習場」と萩市の「むつみ演習場」にロケーションを求めるようですが、BMD用のレーダーは強力です。たとえば米軍の「Xバンド・レーダー」（これはイージス用レーダーとは周波数帯が違います）が置かれている経ヶ岬の立地はほとんど海際の崖っ淵だそうですが、周辺の松の葉が「電波焼け」で枯れているという風聞があります。

指向性がシャープなレーダーでも、側方や下方に漏出する電波が無いとは言い切れないところが、憶測を呼ぶでしょう。

近くに集落や漁港等があると、もちろん電波障害や電波干渉が起きますのでダメです。経ヶ岬と似たような無人地帯でなくては「地上配備型イージス」のレーダーも置けないはずです。しかるに「むつみ演習場」の場合、そこから海岸線までは無人地帯ではありません。反対運動が起きないかどうか、気になるところです。

民間有志が「ミニ警報衛星」を打ち上げることも可能に

ＭＤに関してわたしが期待したいのは「マイクロサット」――超小型の人工衛星――を３Ｄプリンターで製造できるようになってくれないか、ということです。民間の有志でもそれは実現可能な話だと思います。

それをJAXAの「SS－520」のような超小型ロケットのピギーバック（ペイロードの余積に詰め込んでもらう）便乗によって、比較的低い軌道に多数、投入してもらえたならば、「十日の菊」路線（新装備の性能を欲張りすぎて今まさに切迫しつつある侵略の意図打破に役立たない）が好きなわが政府に代わって民間が、すぐにも役に立つ「対弾道ミサイルの早期警戒網」を構築できるかもしれません。

何十、何百という赤外線早期警戒衛星が探知し送信するビッグデータをAIで解析すれば、「F－35」のDASには及ばずとも、すくなくとも肝腎の着弾予測点を教えてくれない「Jアラート」よりも頼り甲斐のある、民間版「空襲警報」アプリが可能になるだろうとも思っています。

AIは地表核爆発を許さない「レーザー砲」を可能にする

核ミサイルで日本を攻撃しようとする敵国には、わが国のMDを無力化したり無効化したり回避する手段がさまざまにあります。

それよりもっと単純に、こちらの迎撃ミサイルが敵の攻撃手段よりも先に尽きてしまうことも、大いにあり得る。

北朝鮮製の「スカッド」ミサイルは、『デイリーNK』の試算では製造単価が5億円から6億円。「ノドン」ミサイルは11億円だと見積もられています。

これに対してたとえば陸上配備型イージスから発射する「ＳＭ－３」ミサイルは1発が20億円し、空自の「ＰＡＣ－３」は1発5億円。急に買い増そうとしても、工場では対応できません。実戦では原則として、飛来する敵の弾道弾1発につき、必ずこちらから2発をつるべ射ちにして失中の確率を低くすることになっていますので、敵国が数十発の弾道ミサイルを発射してきただけでも、こちらの弾庫はすぐに空になることは小学生でも計算できる話です。

北朝鮮は対日攻撃用に適した射程を有する「ノドン」だけでも２００発をストックしており、「スカッドＥＲ」を加えると数はその倍になるでしょう。そこに、中共やロシアの対日攻撃用弾道核ミサイルも加算されるのです。

「ＳＭ－３」による宇宙空間での迎撃が失敗し、大気圏内で用いる「ＰＡＣ－３」もまた「タマ切れ」になったとしても、まだ最後に頼ることができる迎撃手段を、わが国として持っていなくてはなりますまい。

２０１７年11月に防衛装備庁が市ヶ谷のホテルを使って「技術シンポジウム２０１７」を開催したさい、その会場に、同庁の電子装備研究所が試作した高出力対空レーザーにより、距離８００メートルで穴を開けられたという厚さ3ミリのジュラルミン板が展示されていたのが注目されました。

このレベルの初歩的な「地対空レーザー砲システム」であっても、それが大都市や戦略海峡や軍港等の要地に、あたかもサッカーのゴールキーパーのように据えられていれば、敵はその要地を破壊・汚染するための核弾頭を、地表炸裂モードや超低空炸裂モードにすることには慎重とならざるを得ないでしょう。

どの国にとっても、核兵器は余っているわけではないため、せっかく投射した核弾頭が不発に終わってしまうようなリスクは、なるだけ避けようと計算するからです。

核爆発がすべて高空で起こるのであれば、被弾地の戦後の復興はそれだけ早まります。

もしもその反対に、日本の都市の地表スレスレ、日本の港湾・狭水道の海面スレスレで核爆発を起こされてしまえば、もうその都市も海岸地も、半永久に無人地帯として放棄するしかありません。原水爆の「火球」が地表や海底に「クレーター」を遺した場合、二次放射能の輻射源となる土壌を除去することが、物理的にほとんど不可能だからです。

けれども有効射程800メートルの地対空レーザー砲が、その都市や要地に配備されているとあらかじめ敵側に知られていた場合には、敵軍としては、投射する核弾頭の炸裂高度を相当に高空（およそ数千メートル）にしておくことで、レーザー砲によって不発にされてしまうリスクをなくそうと気を回すはずです（もちろん平時からの巧みな風説の流布によって、じっさいよりもわがレーザー高射砲が大威力であるように敵国軍をして信じさせておくべきであることも、言うまでもありますまい）。

ＡＩと地対空レーザー砲とは、相性が良いでしょう。

ＡＩは、立て続けに複数落下してくる「物体」の中から、最も地上にとっての脅威となりそうなものを選別して、少なくとも核弾頭の超低空爆発だけは許さないように、無駄なく次々と正確にレーザーを指向させて行くアルゴリズムの実現を援(たす)けてくれるでしょう。

レーザー高射砲の注意点

敵が必ず攻撃してくるところに最初から「待敵(たいてき)兵器システム」を置いておくのは悧巧(りこう)な戦術です。

「レーザー高射砲」を、佐世保、門司、神戸、浜松、横須賀、東京、千歳(ちとせ)等に設置できれば、敵は低空爆発モードの核弾頭をそこに投射できなくなるでしょう。

レーザー以外にも、光のスピードでＲＶ（再突入体）にダメージを及ぼしてくれるビームとして、マイクロウェーヴの電磁パルスがあります。

ほどほどの出力のレーザー砲や電磁パルス砲が、複数の砲座から1個のＲＶに集中されることによって、ＲＶを木っ端微塵(こっぱみじん)にはできなくとも、その内部の電子回路や機械式回路に変調をきたせしめる可能性があります。

その可能性をおもんぱかって、敵は低空爆発モードの設定を選べなくなります。それだけでもわが国にとっては至大の価値があります。高空爆発ならば、広島や長崎と同様、また国土の復興ができるのです。

低空爆発ならば、セミパラチンスクやロプノール沙漠の核実験場と同じで、将来二度と人が住めません。この差は天と地ほどもあるでしょう。

マルチサイトにすることで靱強性も備わります。故障や、敵のいろいろな攻撃で数カ所の砲座がダウンしても、他の砲座の機能にまだ期待ができるからです。核戦争の途中ではゆっくりおちついて施設の修理などしていられませんから、これは特に重要です。

既存イージス艦は離島の桟橋要塞にするのがよい

２０１７年の６月17日に米第七艦隊のミサイル駆逐艦『フィッツジェラルド』が伊豆沖でコンテナ船と衝突。８月21日には同じくミサイル駆逐艦『ジョン・Ｓ・マケイン』が、こんどはシンガポール沖でケミカル・タンカーと衝突し、どちらも弾道弾監視や迎撃の任務を手伝うどころの状態ではなくなってしまいました。

この２隻のイージス艦がすっかり修理されて元通りになるまでには２年前後もかかるようです。その間、北朝鮮周辺に米海軍が投入できるイージス艦は、ぜんぶで７隻あったのが５隻に減ってしまうので、苦しいやりくりを強いられるでしょう。

2隻の事故は、イージス艦には意外な弱点があることを改めて世間に印象付けました。そもそもイージス・システムというのは、洋上で旧ソ連軍の対艦ミサイルや魚雷が最悪200本くらいも続けざまに襲来しても、決して輪形陣の中央に位置する味方の空母までは到達させないぞという鉄桶（てっとう）護衛を実現しようとしたもので、そのコンピュータには脅威の深刻さ（優先対処順位）を判定する能力まであり、かなりAIに近いものです。

ところが『フィッツジェラルド』事故では、艦の右舷の破孔からの浸水で肝腎のイージス・システムが停止（電源喪失）しただけでなく、通信システムまでがダウンしてしまい、事故の緊急連絡は乗員の携帯電話によってなされ、航海士は古い磁石式羅針盤を頼りにしてなんとか横須賀港まで辿り着いたという話です。

もし洋上で応急修理してコンピュータへの給電を復活させられたとしても、衝突ショックで艦橋構造自体がゆがんだために、フェイズドアレイ・レーダー（固定式板状の位相配列レーダー）の取り付け面の角度が微妙に狂ってしまっており、防空戦闘はまず不可能だったと考えられるのです。

じつは1991年にもクウェート沖で米巡洋艦『プリンストン』がイタリア製の沈底機雷（イラクが撒（ま）いたもの）にひっかかり、爆発衝撃でイージス・コンピュータが15分間停止してしまい、プロペラシャフト1本と舵（かじ）1枚もやられて自力航行困難になるという深刻な事例が報告されていました。軽量化が重視されている現代の軍艦の中でも、ことさら精密なシステムであるイージス艦は、ローテク打撃に滅法弱かったのです。

そういうシステムでも、ローテーションで何十隻も投入できるような、トータルで穏当なコストに抑えられているのであったならば大過は無いのかもしれません。が、「イージス」は海上自衛隊ぜんたいでも10隻未満しか整備ができないという超高額アイテム。それが機雷や特攻ボートによって一夜にして無力化されてしまっては、海幕長は納税者に対して申し訳が立たないでしょう。兵頭おもいまするに、BMD任務用のイージス艦の機能は、思い切って分割してしまうのが合理的なのです。

すなわちひとつには、日本海の中央まで進出して敵の弾道弾発射を早期警戒し、その軌道情報を味方（本州の陸上配備型イージス基地と、グァム島の米軍THAAD大隊）に通報する役割の《レーダー・ピケット任務艦》。このタイプは、みずからは「SM－3」を発射せず、ただ、自衛用の対空／対艦ミサイルだけをVLS（垂直発射コンテナ）に入れておくのです。

そして「SM－3」を発射する《シューター任務艦》は、適当な岬や離島の岸にコンクリートで固定して「建物」化した上で、防波堤で囲むのがよいでしょう。つまり軍艦を「陸上配備型イージス」にコンバートしてしまう。

どんな特攻ボートも防波堤を突破することはできません。

陸上配備型イージスはそのVLSから多彩なミサイルを発射することができる。そのひとつの「SM-6」は、長距離空対空ミサイルのAMRAAMを地対空へコンバートしたもので、高度3万mで敵の低速弾道弾を迎撃したり、わが原発建屋を狙ってくる隣国の巡航ミサイルを射距離240kmで撃墜できるほか、4000トン級フリゲートにマッハ4で衝突して大破させ得ることが廃艦試験で確かめられている。すなわち萩市の基地から対岸の蔚山市の原発を報復攻撃することも可能なのだ。単価は1発430万ドル。

セルが8個並ぶ垂直発射管VLSを、試験艦『あすか』の艦橋から見下ろす。これらVLSの中には、適合するサイズならば、対弾道弾、対航空機、対地、対艦、対潜のいずれのミサイル／ロケット魚雷を収容してもかまわない。陸上配備型イージスもこのようなVLSから迎撃ミサイルを発射する。セル数は地上ではもっと増やせる。SM-3ミサイルは1発20億円。ちなみに米軍が韓国に持ち込んだTHAADは1発18億円。北朝鮮のスカッドは1発6億円弱であると見られている。

こうすることで、ＢＭＤのための人員のやりくりも、システムのメンテナンス・コストも、自衛隊全体で、きっと著しく合理化できるはずです。

もちろん、米軍がマルチドメイン統合コンセプトとして推進中の「ＮＩＦＣ－ＣＡ」（水平線のはるか向こう側でＥ－2D早期警戒機やＦ－35戦闘機がいちはやく得たセンサー・データを、後方のイージス艦や地対空ミサイル部隊やＦ－15戦闘機に電送し、余裕をもって敵の巡航ミサイルを迎撃してやろうという構想）に、このアセットを加入させることも随意です。

本来わが国の本土防空のための前方監視任務艦は米式のイージス艦である必要はないのです。対宇宙レーダーを装載した国産の『あきづき改』（仮称）型の防空警戒艦に専任させてもいいはずです。長期的に、自衛艦隊を「非イージス化」することは、わが国のおびただしい防衛予算がＦＭＳ（有償援助）という不利な枠組を通じて米国メーカーの懐に恣意的に吸い上げられてしまう不健全な費用構造からの脱却につながるでしょう。

『あきづき改』（仮称）型には、敵のスパイ衛星のＩＳＲ機能を妨害するレーザー・ジャマーも積んでおくと尚よいでしょう。

コラム　恐怖も恥も知らないマシーンは人生アドバイザーたり得るのか？

「恋愛支援ＡＩ」を想像すると、わたしは怖くなります。

たとえば十数回も結婚と離婚を経験しながら80年くらいも生きてきた男女数千人の経験のビッグデータがＡＩの中に入れられている——としましょう。

ハイティーンの男女が、気になる相手の情報をそのＡＩに読み取らせる。すると、クラウドサーバー上のＡＩ（スマホかそれに代わる未来ツールでアクセスできるものです）は、その相手の1年後、2年後、5年後、10年後、20年後、30年後の容姿、健康状態、精神状態、予測される家庭内でのふるまい、期待できる社会的地位等を、相当の確度で教えてくれるはずです。立体ＣＧの画像付きで。

そうなったらもはや、一時の幻想に騙されたと後から反省して別れてしまうカップルはこの世にはいなくなるでしょう。……理論上は。

この「恋愛支援ＡＩ」は、どんな占い師よりも目線が高い。

たとえばこんな断言が飛び出してくるでしょう。

——「あなたは今月中に、その人と婚約して婚姻を確定するべきです。なぜならその人は決して未来の伴侶の希望を裏切らないという誓いを先週、心の中で密かに立てました。もし結婚することになったら、大きな家を建ててあなたの老親介護もそこで引き受けてもよい、とまで、しっかりプランニングをしています。しかしその人にはあなたの他にも気になる異性が3人おり、今月末の三連休を過ぎると成り行きは予測不能です……」。

機械が0・1秒もしないで与えてくれるこんなアドバイスを信じ、あなたの一生を賭けてみる気になりますか？

でもご安心ください。AI時代には、相手の方もあなたをAI診断にかけているのです。相手はニア・リアルタイムであなたが自分についてAIリサーチをかけたことを承知し、興味を抱いて、自分もまた0・1秒にして、現在のあなたのポジションと損得計算を、すべて把握しました。『なるほど、あのときのあの言動は、この背景ゆえの底意があった戦術だったのね』と振り返って納得している最中かもしれません。現在あなたがたは、互いに互いをAI身上調査したことがバレており、互いに「打算」を隠すこともできない関係となった妙縁ある「他人」なのです。間もなく、嘘・隠し事のない誠実な直接回答が、スマホ上に通信されてくるでしょう……。

生身の人間であったら、自分の発言が他者にもたらす結果を想像していくぶんは畏怖し、責任の重大さに眩暈がしたり、予測が外れた場合にどんな社会的制裁や心理的外傷が降りかかるだろうかと心配になると思うのですが、マシーンはわたしたちのような生の「身体」を持っていなくて、「人間社会」と交際する義理もありませんから、結論を語るのに何のためらいもないでしょう。

たとえば「恋愛支援ＡＩ」は平然とこんなアドバイスをするかもしれません。

——「今、橋の上から飛び降りれば、あなたは大金持ちと結ばれることになり、半身は麻痺(まひ)しますが、一生、安楽に優雅に暮らせるでしょう」。

——「今、Ｂさんを殺しなさい。それが、Ａさんからあなたが一生感謝される、最も確実な道です」。

……あなたはどこまでマシーンを信頼しますか？

第5章
海のAI

ロボット兵器の「よくある誤解」

何年も前にわたしがロボット兵器の話をしきりに書いていた頃でしたが、講演をするたびに、かならずといっていいほど会場から訊ねられた質問があります。

「もしも高性能なロボット兵器を敵に奪われてしまったら、敵軍がそれを使ってこっちを攻撃してくるから、たちまちピンチに立たされてしまうのではないか？」とのご心配でした。

どうも往年のマンガ／TVアニメの『鉄人28号』（横山光輝原作。旧帝国陸軍が遺した秘密兵器の鋼鉄製巨人は、AIを搭載していないロボットなので、リモコンを手にした者の資格やその意図の正邪を詮索することはせず、ただその指令通りに動いて、躊躇なく何でも破壊し殺傷する）のイメージが、21世紀の人々の脳裡にも依然として鮮烈にわだかまっていたようでした。

AIを搭載していない原始的な世代の「ロボット兵器」が戦地で敵軍によって拾われたり分捕られたりすることは、20世紀の初めから、じつは珍しくもないことでした。

たとえば魚雷です。ホーミング式の誘導魚雷でなくとも、プリセットされた深度とコースを水中で三次元的に維持するための自律的な「サイバネティクス」機構が組み込まれた、至って精巧なロボット兵器そのものでした。

しかし、敵から奪った高性能魚雷を、その敵に対して発射して戦果があった――などという話はまったく聞かないですよね。

なぜでしょうか？

まさにその理由が、「AIを搭載していないから」なのです。

AIが搭載されていないロボット兵器を動かすためには、あらゆるコマンドを使用者が入力してやる必要があるのです。それには長い時間の教育訓練が必要です。

それに「AI以前」の機械類には「自動メンテナンス」ができません。

おそらく「AI以後」でも、かなり周辺機材の「AI化」が進まない限りは、ひきつづいて人間が、運用やメンテナンスの世話を焼かなければならないでしょう。

まして「AI以前」のロボット兵器は、大がかりなプラットフォームや保管施設、専用の補助的な機械や支援部隊や人員も必要とします。

国家の命運をかけた戦いの途中に、たまたま鹵獲した1本か2本の魚雷のためにそんな仰山な「戦争資源」を割いてやることは、最高指導部の采配として、合理的とは言えないでしょう。

水中ロボットはどうなって行くのか？

無人機の海中版を「UUV」(Unmanned Underwater Vehicle) と略称しています。

高速のデータ通信に適する高い周波数の電波は、水中をほとんど伝わりません。このためUU

Ｖは、光ファイバーケーブルのような有線を引っ張るか、さもなくば、大容量の高密度データ通信に適さない長波や音波等によって、味方と通信するしかありません。

必要最小限の通信だけをすればよいように、海中での行動のほとんどはＡＩが自律的に決定してくれれば、ユーザーとしては楽です。ＵＵＶは、敵との遭遇や交戦も予期される状況下でＡＩに攻撃や防禦(ぼうぎょ)の判断を委(ゆだ)ねることもあると、あたかも自明のこととして要請されている特異な分野でしょう。

すでに立派な「自律自爆ロボット」だったといえるホーミング魚雷（最初の試作品は第二次大戦中にドイツでつくられています）で培われた技術をベースにしてＵＵＶを開発することが、各国で早くから構想されました。

ＵＵＶの外寸も魚雷と概略一致させておけば、潜水艦の魚雷発射管からそのままリリースすることができます。うまくすれば逆に、魚雷発射管を通してＵＵＶをまた潜水艦内に回収することもできるかもしれないわけです。

ＵＵＶは、魚雷のように爆発するだけが能ではありません。潜水艦に先行して敵の防禦機雷を探知したり、味方の潜水艦の後方にとどまって「音の煙幕」を張ることによって敵の対潜水艦攻撃から本艦を守ったりと、さまざまな活躍が期待されています。

たとえば海底の３Ｄ地図を、音響レーダーを使って自動で作成してくれる小型のＵＵＶを、大型の揚陸艦から先触れとして放出すれば、津波災害直後の、何が水中に散乱しているかわからない海岸への安全な接近と着達とが、速やかに可能になります（データは光ファイバーケーブルを通じてリアルタイムに、もしくは浮上時にまとめてバースト無線によって本艦に伝達されます）。

オーストラリア海軍の潜水艦戦の専門家たちは、AIを搭載した「スウォーム（大群）UUV」によって、中共海軍の潜水艦基地に襲撃を仕掛けることを考えています。

UUVがじゅうぶんに小型であれば、機雷の音響センサーと水圧センサーに、そもそもひっかかりません。非磁性の素材でUUVをこしらえておけば磁気センサーにもひっかからないでしょう。

仮に何機かのUUVが繋留機雷に接触してしまって喪失しても、スウォームならばそこから機雷バリアの内側へどんどん浸透して行くでしょう。

ロボット開発では常に「動力源」が難題としてメーカーの前に立ちはだかります。

ボーイング社がかつて試作した「エコー・ボイジャー」というUUVは、長さが15メートル、自重が50トンにもなってしまいました。これでは敵機雷原の突破は無理かもしれませんね。

さりとてUUVを機雷のセンサーで捉えられないくらいに小型に作りますと、電池や燃料タンクも小さくするしかなく、長距離を高速で機動できなくなってしまいます。

そこで現実的には「親子運用」が必要です。

長駆行動ができる大型の有人潜水艦が「マザーシップ」となり、敵岸近くの機雷堰の手前まで忍び寄り、そこから多数の小型UUVを静かに放つのです。

機雷堰を乗り越えたUUVは、敵軍港内に浸透し、港内で分散的に沈底して待機モードに入り、もし敵潜水艦が頭上を通りかかれば、AIの音紋判断で襲撃し自爆するでしょう。

味方の水上艦は、「自爆をやめろ」という暗号コマンドを音波によって水底へ送信することができるように、海軍上層部ではUUVのメーカーに求めるはずです。しかしそのコマンド信号がどんなものか、もし内通者やハッキングや鹵獲品によって敵の知るところとなってしまえば、味方の海上戦略は大破綻することにもなりますので、最初から取り付けられない場合もあるでしょう。

スウォームUUVがSSBNを狩る日が来る？

今日まで信じられているところによりますと、大西洋や太平洋を遊弋している米国や英国やフランス海軍のSSBN（戦略ミサイル原潜）が、偶然の事故や意図的な浮上によってではなく、外国海軍の「捜索努力」の結果として海中で居所をつきとめられたケースは、1950年代いらい一件もないそうです。

しかし将来、UUVが相互に海中で通信できる方法が発見されますと、マイクロUUVを特定海域にミジンコのようにおびただしく撒布することによって、海域全体を「対潜探知センサー」

と化すことができるようになるかもしれません。
座標の見当がつけられてしまえば、ＳＳＢＮも往生するでしょう。

無人潜航艇を急速に大量調達する

半年がかりで丹精こめた菊が素晴らしい風情（ふぜい）に仕上がったものの、９月９日の「菊の節句」を１日過ぎてしまった……。前述した「十日の菊」です。

「いざ鎌倉」の本番に間に合わなかった「スーパー兵器」など、たんに無意義というのにとどまらず、貴重且（か）つ有限な国防資源を長期間無駄なプロジェクトに注入していたことになって、納税者である国民と国家に与えた機会損失は取り返しがつきません。

２０１７年7月に、米海軍から資金提供を受けた米国の一研究所が、人も乗れるし無人でも動く小型潜航艇の船体（カーボンファイバー製）を、「３Ｄプリンター」を使って4週間でこしらえたと報道されました。

全長は30フィート。設計してデータを仕込むのには僅（わず）か１週間。さすがに「出力」には３週間かかったそうです。

まだ１艇まるごとを一度にプリントすることはできず、６分割したパーツを別々に織り出して、職工の手で最後にそれをくっつけたのだそうですが……。

同サイズの潜航艇をふつうに造船所に発注したら80万ドルと5カ月がかかったはずだそうですので、たいへんな節約（特に人件費）になったことは間違いないでしょう。

米海軍が注目していますのは、「コスト」よりもむしろ「時間」が節約できる点なのです。敵陣営よりも早く、「今、これがあれば勝てる」と戦場で気がついた資材を入手できるならば、敵陣営に対していつも優位な立場を占めて、主導権をキープできるでしょう。主導権を握った戦争は、楽な戦争になるものです。

最新の３Ｄプリンターには、樹脂のようなものではなく、金属を塑像状に構成できるものがあります。

アルミ合金とチタニウムを無境界的に盛り付けてくれる３Ｄプリンター（粉体をレーザーで融合してくれる）には、ながらく大手の軍用機メーカーが多額の投資を続けています。これがやがて実用化されれば「軽くて強靱で耐熱・耐蝕」の構造材や外皮がたやすく造れてしまいますから、軍用機は革命的に軽量化されるだろうと言われています（従来、軍用規格のアルミ合金、チタン、ステンレススチールなどを相互にうまく溶接することは至難の技なのです）。

水上軍艦でしたら、金属３Ｄプリンターによって従来と同じ艦艇用の部材を10日間もしないで製造することができるようになり、それによって建艦費は９割も削減されるだろうという予測すら立てられています。

いずれは「家」１軒が「３Ｄプリンター建機」で現場に組み立てられるようにもなるでしょうが、そうした話は別な本に譲ろうと思います。

３Ｄプリンターで海中テロ兵器が量産される

もし、攻撃判断までも含めて全自動で実行するようにプログラムできる、小型で安価な使い捨ての無人潜航機（ＵＵＶ）が、個人の自宅ガレージの「３Ｄプリンター」でも量産できるようになったら、これはもう「海のＩＥＤ」のようなものでしょう。

商船にとって危険であるのはもちろん、軍艦も無事では済まなくなるでしょう。

「どの国の岸からも遠い、広い海の沖合で、もしも低速の潜水艦に遭遇したなら、それを無差別に攻撃（自爆攻撃）せよ」――と、その無人潜航機のソフトウェアに書かれていた場合は、どうなるでしょうか。

極端な微速で漂流している小型の無人潜航機は、有人潜水艦のパッシヴソナーによっては、前もって遠くから探知することはできますまい。

じゅうぶん近距離にさしかかったところから、無人潜航機のモーターがスクリューを速く回して、急接近してきます。図体の大きな有人潜水艦は、それを避け切れないでしょう。

自爆攻撃が成功して有人潜水艦が海の藻屑（もくず）となってしまった場合、無人潜行機の証拠も、まず現場から回収されることはないでしょう。水深が1000メートル以上もあったら、なおさらです。

そうなると、撃沈された潜水艦の所属国としては、ライバルの外国が犯人ではないかという疑いを排除することができません。

たちまち、世界のいたるところの海が、狷介(けんかい)な紛争発火点となりかねません。

艦対空ミサイルによる艦隊防空

第二次大戦における日米海戦の統計分析などから、対空防御火器が充実している敵大型軍艦を航空機によって撃沈しようと思ったら、同時に70機以上を、それぞれ異方向・異高度から殺到させると、相手の防御火線が分散するので確実に仕留めることができる――と考えられるようになりました。

こういうのを「飽和攻撃」と呼ぶのですが、第二次大戦後のミサイル時代になっても、その考え方は引き継がれます。

有人の攻撃機よりも高速なミサイルが、米艦隊に向かってほぼ全周から、同時の弾着となるように調整的に飛来するという状況が想定されました。

これを艦隊の防空火器で排除するには、人間よりも優先脅威の選定を高速に計算でき、ミスを犯さないＡＩのようなマシーンに依存しよう……と考えられたことは自然でした。

「防空の自動化」というこのシステム発想が大成しましたのが、１９８３年からデビューしている米海軍の「イージス艦」です。

近海面に存在する数百の脅威の候補を同時にレーダーで見張っていて、そこから数十発の同時弾着攻撃が仕掛けられても、落ち着いて、味方空母や輸送船団にとって最も危険な敵ミサイルから順番に、バタバタと撃墜して行く……というイメージです。

２０１６年10月9日（現地時刻は19時）、紅海のバブエルマンデブ海峡の北にある公海面を遊弋していた米イージス駆逐艦『メイソン』ならびに旧式揚陸艦をヘリコプター・プラットフォーム特務艦に改装した『ポンセ』に向けて、イランの手先であるシーア派ゲリラが、イエメン領の陸地から2発の中共製の対艦ミサイル「Ｃ－８０２」（概ねフランスの「エグゾセ」の模造ですが、弾頭は、自己鍛造式（86頁に紹介）の溶融メタル塊を高速で四方八方へ飛ばす独特なもので、10月1日にＵＡＥ軍が対イエメン作戦支援のために運用していた非武装の高速輸送船『スイフト』を大破させています。飛翔速度は１１００㎞／時）を発射しました。

距離は48㎞でしたので約2分後には命中します。

これを探知した『メイソン』はただちに艦対空ミサイル「ＳＭ－２」を2発発射。すぐ続いて発達型シースパロー（ＥＳＳＭ）1発を放ち、さらに、敵の対艦ミサイルを逸らしてしまう「ナルカ」というデコイ（囮）も放出した結果、「C－802」は2発ともに海に墜落したそうです。

敵巡航ミサイルのうち1発は、艦から19㎞遠くで海面に落下。たぶん「SM－2」が命中したのではないかと想像されているものの、そうでない可能性もあって、いまだに真相はハッキリしていません。

イージス・システムが「対・対艦ミサイル」の実戦で機能した初ケースですから、米国はこのデータと戦訓を公表しないで自軍のシステム洗練に活かそうとしているのではないかと疑う人もいます。敵（ロシアと中共）に塩を送る必要もないですからね。

もう1発の「C－802」は『メイソン』から14㎞先で落下しました。したがって「ファランクスCIWS」（個艦防禦用の20ミリガトリング砲ロボット。後ほど詳説します）は起動しませんでした。

2発目の「C－802」は防禦兵器による直撃を受けずに墜落したことがやや確実ですので、イージス艦の電波による強力な妨害が効いたのか、それともデコイが奏功したのかもしれません。やはり貴重な戦訓だからなのか、米軍は詳しく公表してはいません。

その3日後の10月12日にも『メイソン』は1発の地対艦ミサイルで狙われましたが、こんどは艦から13㎞（命中まであと45秒というところ）で撃破したそうです。さらに『メイソン』は10月15日にも複数の地対艦ミサイルをかわしているそうです。

これに先立つ、対艦ミサイルを艦対空ミサイルで撃墜したと確認されている唯一の実戦事例が、湾岸戦争中の１９９１年2月25日の英艦『グロセスター』が放った「シーダート」によるものです（１７４頁を参照）。

「シーダート」は英海軍が１９６０年代から研究していた艦対空ミサイルで、実装システムの運用開始は73年からでした。

まず発射機から固体ロケットブースターで射出されますと、２秒半でマッハ２弱まで加速され、そこからラムジェット（超音速で前進する飛翔体の前方開口部から入った空気が瓶の底へ叩きつけられるように圧縮されたところへ燃料を噴射して後方へのジェット噴流を生ぜしめる内燃エンジン）がスタートします。

固体推薬だけの艦対空ミサイルは、飛翔区間の後半はただ惰性に頼るしかなくなるのですが、このラムジェットは命中するまで燃焼し、マッハ２以上を維持し続けます（燃料として46リッターの灯油が空力安定翼の根本にまで充填されていました）。

誘導は、母艦から目標に向けて照射され続けている追尾レーダーの反射波をミサイル先端部の４本の「干渉計アンテナ」が感知し、それが到来する方向をミサイル内部の電子回路が推断して、その方向へ舵を切ることによります。

この方式の弱点は、高度30メートル以下の超低空を飛翔する目標に対しては、地面や波浪からの乱反射ノイズが強くなってしまい、誘導できなくなることでした。

1982年のフォークランド戦争では、英国艦隊は「シーダート」によって7機のアルゼンチン軍機と、1機の自軍の「ガゼル」ヘリコプターを撃墜しています。

誤射は、低速で飛翔する機体（英陸軍のヘリコプター）を、〈アルゼンチン軍の「ハーキュリーズ」輸送機（プロペラ機）であろう〉と、英駆逐艦『カーディフ』の士官が誤断し、2発の「シーダート」を発射させたことによっています。

英艦の防空システムは自動発射機械ではありません。発射するかしないかの判断に必ず人間が関与するようになっているので、アルゼンチン沖にたまたま接近したブラジル航空会社の「ボーイング707」型旅客機（南アからリオデジャネイロへ向かう途中でした）は、英軍の艦対空ミサイルで攻撃されずに済んでいます。

アルゼンチン軍は、英国から、英海軍と同じ型の駆逐艦を輸入していたおかげで「シーダート」の性能の限界をよく知っていました。アルゼンチン軍の「A-4　スカイホーク」攻撃機は、超低空で接近して無誘導の爆弾を投下するという第二次大戦式の流儀で、英駆逐艦『コヴェントリー』を撃沈しています。窮余の一策として『コヴェントリー』からは「シーダート」を無誘導で発射しましたが、もちろん無駄でした。

兵員輸送船の『アトランティック・コンヴェイヤー』に迫る、フランス製の「エグゾセ」空対艦ミサイルを、空母『インヴィンシブル』から「シーダート」を放って阻止しようとした試みも、超低空のため最初から誘導はできずに、不成功に終わっています。

91年の『グロセスター』は、誘導アンテナが超低空に対応できるよう改善されていたので、イラン製の対艦ミサイルを撃墜できたのでしょう。

艦対空ミサイルをバックアップするCIWS

アメリカ海軍は１９８１年に、20ミリ・ガトリング砲×１基に捜索レーダーと追尾レーダーをパッケージにした独立システム「ファランクス」（ＣＩＷＳ＝Close In Weapon System）を完成して、今日では、大は原子力空母から、小は沿岸警備隊の巡視艇にまで搭載するようになっています。未だ実戦の状況で偉功を奏したことはありません。ですが幾度か、ＡＩ時代に参考になる誤作動事例の主役になっています。

１９９１年2月にペルシャ湾で、現役復帰戦艦『ミズーリ』（ファランクス装備なし）に向けて陸上のイラク軍が「シルクワーム」対艦ミサイルを発射しました。もちろん実戦状況です。

これに対し、護衛をしていた米駆逐艦『ジャレット』（イージス艦よりも古い型でした）の「ファランクス」が全自動で火を噴いたのでしたが、なんと「シルクワーム」にではなくて、『ミズーリ』が欺騙用に射出したチャフ（敵の対艦ミサイルの弾頭レーダーが出す波長のちょうど半分の長さの繊維に金属を蒸着したものを自艦から離れた空中で濃密に散開させ、幻の目標を現出させてミサイルを吸

©兵頭二十八

20mmガトリング砲で、飛来する対艦ミサイルを撃ち落すCIWS「ファランクス」は、それ専用の照準レーダーと光学センサーを備えているので、単独でも防空戦闘可能。いわば、足が軍艦に貼り付いている交戦ロボットだ。

引する）の雲の方へ射線を指向してしまい、逸れ弾で『ミズーリ』の乗員1名が負傷するという椿事が起きてしまいました。

さいわい、このときの「シルクワーム」はもう1隻ついていた護衛役の随伴駆逐艦、英国海軍の『グロセスター』が放った「シーダート」艦対空ミサイルにより、『ミズーリ』に到達する前に撃墜されています（171頁でご紹介した一件）。

次の椿事は96年6月4日のハワイ沖の「リムパック」演習中に、わが海上自衛隊の護衛艦『ゆうぎり』が起こしたもので、ファランクスに空中標的を射撃させようと待ち構えていたところ、その標的を曳航していた米海軍の艦上攻撃機「A-6 イントルーダー」の方に弾丸が自動集中してしまい、同機は墜落するに至りました（幸い搭乗員は無傷）。

いずれも考えさせられる事故でした。けれども現在ではソフトウェアと運用マニュアルの両面から、同類の事故の再発を回避する手立ては講じられているものと思われます。

RAMとは何か

ファランクスＣＩＷＳよりも遠間（最大９㎞）で、対艦ミサイルを撃墜しようというのが、米独共同開発の個艦自衛システムのＲＡＭ（「旋転（せんてん）ミサイル」の略。正式型番はＲＩＭ－１１６）です。

米海軍の軍艦には１９９０年代から搭載されるようになり、逐次に性能は改善されています。

終末誘導は熱赤外線ホーミングによっています。空対空ミサイルの「サイドワインダー」に、肩射ち式対空ミサイルの「スティンガー」の頭部シーカーを組み合わせたようなコンセプトだといわれています。

発射器は箱状をしており、その箱の中に11発または21発が装填（そうてん）されています。１発の単価は約１００万ドルします。

中国海軍も２０１１年にこのＲＡＭを模倣した兵器システムを開発しています。

ついでなので、ＡＩが機能しなくなるとどうなるかの実例を、ひとつご紹介しておきましょう。

イラクとイランが戦争を続けていた１９８７年5月17日に、イラク軍のミラージュ戦闘機がペルシャ湾で、「たぶんイランのタンカーだろう」という予断のもとに2発のエグゾセ空対艦ミサイルを放ちました。ところがその標的は、当時はイラク寄りの中立をしていた米国海軍のペリー級駆逐艦『スターク』だったのです。

1発目は弾頭が起爆しませんでしたけれども艦内に完全に突っ込んでロケットモーターが燃え続け、そこに2発目もまた命中して弾頭が轟爆(ごうばく)。乗員37人が死亡しています。

艦長は、相手がイラク機だとわかっていたために「CIWS」を作動させなかったのでしたが、ペルシャ湾は戦場なのですから、ミサイルがもし間違って直進してきたならすぐ防禦するという心構えを、当然しておくべきでした。

これら、海上における全自動の防空戦闘システムは、陸軍のAPS(戦車用の自動防衛システム)に先行して実用化されています。

いっぱんに海上戦闘に飛び込まんとする軍艦の場合、「自艦にとって今いちばん脅威となっているのは何か」を、レーダー情報だけを頼りに判定することが、比較的に容易です。

自艦に向かってコースを微修正しながら、高速で飛翔してくるものは、おそらく危険な対艦ミサイルでしょう。それを発射した者が、敵か味方か中立国かは、とりあえず問題ではないでしょう。

対艦ミサイルならば、こちらの艦長が増速や転舵(てんだ)を命じても、回避しきれない可能性が大です。

電子的・光学的な各種欺騙手段を作動させるとともに、できれば、自艦に命中してしまう前に、搭載している火砲か艦対空ミサイルによって空中で撃破してしまうことが安全でしょう。

そこでロシア海軍でも1969年から、30ミリガトリング砲×2基をレーダー管制することによって個艦の対ミサイル自衛ができないか、追求をしてきました。ただ、ロシア製のシステムが実戦場で対艦ミサイルを撃破してみせた実績はないので、その有効性は未だ知られていません。

「トマホーク教」の信徒に捧ぐ

日本で、繰り返し話題になる――保守政党や政治系言論人の中になぜか熱烈なファンがいるらしい――「トマホーク」巡航ミサイルの、最新事情も見ておきましょう。

米海軍は2017年後半に196基の「トマホーク・ブロック4」をメーカーに発注しました。これは水上艦の甲板(かんぱん)や原潜の背中に埋め込まれたVLS（垂直発射コンテナ）から運用ができるように考えられていて、1基のコストが110万ドルと、今日では比較的に廉価(れんか)です。

ちなみに英国海軍は、攻撃型原潜の魚雷発射管から、非核弾頭の「トマホーク」を対地攻撃用に発射します。米国国務省が「トマホーク」の輸出を認めている同盟国は、英国だけです。

「ブロック4」は自重が1・2トン、全長6メートル、対地攻撃時の射程は1600㎞です。飛翔速度は時速600から900㎞のあいだ。飛翔高度は水面から17〜32メートルを保ちます。

命中誤差は、GPS誘導だけですと10メートルというところです。

弾頭にビデオカメラがついていて、その映像をデータリンクで発射した艦まで送り続けるので、本当に狙った標的に突っ込んでくれたかどうか、水上艦であれば、居ながらにして確認もできます。

硬化コンクリートを貫徹して地下施設を爆破することを特に念頭に置いて設計されている新型弾頭(JMEWS=統合多様効果弾頭部)の重さは450kgあります。その貫徹能力については、数値は公開されていませんが、レーザーによって標的を見極め、ある程度なら動いている目標(たとえばミサイル発射台車両)に対しても、数メートルの誤差で弾着するそうです。

1983年に装備化されて以来「トマホーク」は6000基以上製造され、米海軍は1991年いらいこれまで実戦で2200基以上、訓練で6000基以上を発射しています。在庫は3000基以上。仮にたとえば北朝鮮に向けて数百基(2011年のリビア攻撃に使った数量は1000基には達しなかった模様です)を発射しても、なお残る在庫でイランや中共やロシアへ睨(にら)みを利かせ続けるには足りていると申せましょう。

「トマホーク」は最新鋭の水上艦に対する攻撃手段としては、突入スピードやステルス性やシーカー能力の点で改善すべき点が多すぎるため、2040年くらいが一線装備としての寿命だろうと予見されています。

最新型ミサイルが旧世代機の任務を拡張する

防衛省は平成30年度予算案に、F－15戦闘機から運用するための２種類の長射程の空対艦／空対地ミサイル（LRASMとJASSM－ER）の調査費を盛り込むことを２０１８年１月になって公表しています。この意味を考えてみます。

空自の「空対艦ミサイル」運用機は、従来は「F－２」戦闘機しか考えられていませんでした（国産の「93式空対艦誘導弾」を吊下）。ところが空自保有のF－２は機数がF－15の半分以下（F－15の２０１機に対して92機）しかなく、しかも西日本では築城基地にしか置かれていないので、敵のISRやスパイ網にはその動静の把握が簡単です。

これでは中共軍はいつでもF－２部隊の裏を掻くことができてしまうでしょう。彼らに「尖閣諸島は占領してしまえそうだ」と錯覚させてはなりません。平時から〈そのような侵略の試みは必ず失敗するのだ〉と印象づけておく営為が、こちら側に義務としてあるのです。

従来、制空任務しか与えられて来なかった多数のF－15戦闘機に対艦任務も分担させることができれば、那覇基地や新田原基地からも「対艦攻撃機」が尖閣沖へ集中できるようになり、中共軍部の野心は未然に挫かれるでしょう。

F－15への搭載を予期するLRASM（Long Range Anti-Ship Missile）は、飛翔速度こそ亜音速

ですけれども、形状がステルス化されており、しかも、電波航法衛星が宇宙で破壊されてしまおうと、GPS電波がジャミングされようと、味方のISRと通信がぜんぶ機能を停止させられていようと、飛翔中に自力で目標を捜索し、複数の敵艦のなかからAIが優先目標を自主判断して突入するようにできています。もちろん、東シナ海では敵空母をまっさきに沈めることになるでしょう。

このミサイルのセンサー技術の核心部分はESMと言い、敵艦船が出している各種の電波を探知してAI解析します。ミサイルの側からは一切レーダー波を出しません。

およそ空母というものは、作戦行動中はレーダー波を停波することができません。いつ、敵の対艦ミサイルに襲われるかも分かりませんし、味方の航空機の在空位置も把握している必要があるからです。なべて軍艦のレーダー波には、必ず波形に個性があります。その帯域やパターンやノイズの特徴を平時から調べておいてLRASM内の「ライブラリ」と呼ばれるミニ・データベースに登録しておけば、あとはAIが、数ある電波放射源のうち、どれが敵空母なのかを自分で判別できるのです。

このESM技術は、想像しますに、「F-35」戦闘機に搭載されているものと同じでしょう(メーカーも同じです)。

実戦では、F-35が索敵機として先行してESMだけを使って敵空母艦隊の位置を掴み、その

空母には大弱点がある。危険海域に進入したなら、対空警戒のためのレーダー電波と、搭載艦上機と交信する無線電波の放射を、停止することができないのだ。敵は、独特な電波放射源にホーミングする対艦ミサイルを発射すればよい。そうしたミサイルでも米国メーカーの開発が先行しているけれども、中共もなんとか模倣品を作ろうと必死である。写真は、旧海軍の『蒼龍』型空母に迫るサイズとなった『いせ』。さらに大きい『いずも』型だと旧海軍の空母『加賀』と全長が同じだ。当然、次の計画艦は『翔鶴』級サイズを狙うだろう。

F－35からの指令にもとづいて、レーダーを止めた状態のF－15が超低空を高速で敵艦隊の向かう先へ殺到、数百km も離れたところからLRASMを発射することになるのでしょう。

中共海軍には、非ステルスの古い対艦ミサイルすら途中で迎撃阻止する能力があるのかどうかあやしいものですから、もし飛来するのがLRASMならば、空母が直撃を喰らう直前まで、まず気づくこともできないでしょう。

AIテクノロジーを内蔵した空対艦ミサイルを運用することで、F－15のポテンシャルも倍増するわけです。

もうひとつの空対地ミサイル「JASSM－ER」は、防衛省では尖閣用だと公式説明するでしょうが、じっさいには北朝鮮や中共の本土に展開される対日攻撃用の中距離弾道弾の発射台車両を爆破するための武器でしょう。

こちらはＬＲＡＳＭほどハイテクではありません。そのぶん、１発の単価が安いというメリットがあります。射程は９００㎞以上もありますので、発射母機のＦ－15は敵国領空に入る必要もありません。ミサイルの終末誘導は、弾頭シーカーが捉えた赤外線イメージ画像を内蔵のＡＩがライブラリ写真と照合して、重要目標（たとえばミサイルの発射台車両）を見つけ出してくれます。たとえば発射台車両が走行中であっても、３メートルぐらいの誤差で命中できるそうです。

念のために言い添えておきますが、敵が発射する最初の弾道ミサイルを、このシステムで阻止することはできません。こちらの空対地ミサイルが亜音速（要するに国際線旅客機と同じスピード）で接近していく間に、敵は弾道ミサイルをさっさと発射してしまえるからです。しかし、敵の２斉射目以降の弾道弾の運用は、これによって妨害できる可能性があるでしょう。

予算と引き換えにどんどん貧乏くじを引く海自

１９７７年まで、海自の『たかつき』型護衛艦４隻と、『みねぐも』型護衛艦３隻には、無人の単軸二重反転式ヘリコプター「ＤＡＳＨ」(Drone Anti Submarine Helicoptor　米国製）が２機ずつ搭載されていました。

メインローターのトルクが二重反転によって打ち消されるので邪魔な尾部ローターを必要としない「ＤＡＳＨ」は、小型艦艇の狭小な後部甲板から、荒天時でも人命を気にせずに発進ができます。水平線のはるか向こう、護衛艦から74㎞も離れた海面まで往復して、対潜ホーミング魚雷を２本まで投下してくれる省力的・省資源的なリモコン・ロボットでした。

導入開始が67年。それから10年後の運用終了時までに、たった３機が喪われただけです。これはオリジナル・ユーザーの米海軍の高い損耗率と比べると驚異的な成績で、ＧＰＳが使えない当時、映像フィードバックが得られないアナログ無線操縦に頼るしかなかった原始的なドローン兵器を、海上自衛隊がいかに使いこなせていたかを物語りますが、米海軍が調達を打ち切るや、海自もそれに倣って、あっさりと「ＤＡＳＨ」を捨ててしまったのです。

もしこのときわが国が、「ＤＡＳＨ」のメーカー（ジャイロダイン社という中小ベンチャーでした）から改造権や部品製造権を買っていれば、独自にシステムも運用法も発達させて、今頃、とっくに海上航空作戦を無人化する先頭ランナーとなっていたかもしれません。

米海軍との機材や運用の共通化を気にしすぎる海上自衛隊は、「独自のＡＩ化路線」にもけっして踏み出せない立ち位置にみずからの組織の性格を規定していると思われます。

米空母から「Ｆ／Ａ‐18」戦闘機が飛び出すとき、パイロットはその両手を操縦桿やスロットルレバーから完全に離していなければなりません。射出発艦は、いまやＡＩによって全自動化さ

英国海軍はオスプレイを買っていないが、米軍のオスプレイを自軍の空母に着艦させて燃料を補給してやれる便宜を図っている。将来の海自の空母も、当初は同盟国軍用機に洋上の中継補給点を提供するという運用からスタートするのだろう。

れているのです。

この趨勢(すうせい)の先に、「海軍航空の無人機化」があることは誰の目にも明らかです。しかし、米海軍の航空隊の将校たちは、空母から無人攻撃機を運用することには強く抵抗をしています。米海軍に「無人機母艦」が登場する日は、とうぶんはあり得ない情勢です。

したがって海上自衛隊が組織の意義を再定義しない限りは、日本が「無人機母艦」を持てる日も来ないでしょう。

超音速で飛来する対艦ミサイルに対して、低速で目立つ小型空母などを南シナ海で作戦させようと考えるのは、わたしに言わせれば正気の沙汰じゃありません。ＬＲＡＳＭのようなＡＩを内蔵した将来のステルス対艦ミサイルは、レーザー高角砲でもない限りは禦(ふせ)ぎ得ないでしょう。日本は艦隊の露払い（つゆばらい）として働く原潜（SSN）も持っていません。シンギュラリティが到来する前にわが国がSSNを装備化できると妄想する海軍軍人がいたとしたら、政治音痴も甚だしい（はなはだしい）でしょう。

遺憾ながら、海上自衛隊の組織の性格が変わらない限り、海自は米海軍の言うなりに、その破滅に向かって前進するしかないでしょう。

呉海自基地の「海洋業務・対潜支援群」隷下の第1音響測定隊は17年11月から、2隻の音響測定艦『ひびき』と『はりま』を3チームで乗り回す「クルー制」を施行した。今後新造の潜水艦の連続潜航時間が60日以上にも増えれば、潜水隊にも類似の制度を適用しない限り、乗員の成り手は誰もいなくなるであろう。

昭和期の海軍・海自の軍艦命名法には独特の美学が貫徹していたものだが、海自の『そうりゅう』以降の潜水艦命名は「中二病」かと疑いたくなる浅薄安直なもので、担当者の器量の程が知れる。あんな名前しか思いつけないのなら、戦前のように番号のみに戻した方がよほど迫力が出るだろう。

巡視船『れぶん』の30mm機関砲は「チェーン・ガン」と言い、連射中の故障排除が高度に自動化されている。スタビライザー付きの無人砲塔は、ブリッヂ天井の赤外線照準器と連動し、夜間に5km先の目標にも精確に射弾を送り込める。海賊船や工作船の武器はアウトレンジされる。1発1万円以上する弾丸は5センチの鋼鈑を貫通して爆発。7万トンの自動車運搬船でも外鈑厚はその半分だ。本船はヘリコプターを搭載せず、後甲板に着艦スペースだけとってある。現代の無人機なら、そのスペースを使って本船のパフォーマンスを2倍、3倍にもできよう。砲塔の前に見えるのは、高圧放水銃。

101トン、乗員10名の巡視艇『ゆきぐも』に据えられた、12.7mm×3銃身の米国製ガトリング銃。遠隔指揮され、暗夜の荒れた海面でも正確に敵船を射撃する。しかし中国海警船は76ミリ自動砲を搭載するようになっているから、対抗上、わが巡視船も81mm迫撃砲の甲板埋め込み式システムを検討した方がよい。もちろん誘導砲弾が前提だ。さらにテザー式マルチコプター型ドローンも揚げるようにすれば、敵国のUAVにとり「繋留阻塞気球」のように機能するだろう。昔の50トンPTボートに比べればこれでも軽武装で、艇の復元性に悪影響は無い。なおエンジンはドイツ製。舵を省いたウォータージェット推進で36ノットを出せる。

水産庁の漁業取締船･海王丸。放水銃すら無い丸腰船で、これでは北朝鮮漁船団の「マザーシップ」から火器で脅されれば、大和堆を逃げ出すしかないわけだ。武装した陸自隊員を臨機に「漁業取締官助手」または「海上保安官助手」、すなわちデピュティシェリフとして配乗させられる制度の創設がピンチを打開するだろう。

第6章
空のＡＩ

AIの不調による深刻な事故

走行中の自動車は、とりあえず停止をすれば、なにか見当のつかない危険でもたいがい回避できる可能性があります。

ところがいったん離陸した後の航空機には、「とりあえず停止する」という選択が不可能です。２００８年に、グァム島のアンダーセン空軍基地から離陸しようとした「Ｂ－２」ステルス爆撃機（１機１２００億円）が、機体制御コンピュータに不具合を起こし、離陸直後に墜落・全損しました。

原因は、グァム島の湿気が米本土の沙漠の基地と比較して高すぎ、コンピュータの回路基板に知らぬ間に結露が生じ、短絡したせいだと考えられています。

重要な判断をつかさどっているコンピュータ・チップが、放射線だとかハッキングだとか結露短絡によって「脳震盪」のような症状に陥ったとき、マシーンには、自分が危ない状態だということは分かりません。これはＡＩ戦争の落とし穴でしょう。

「Ｆ－35」用の小型巡航ミサイル「ＪＳＭ」

今の最先端の航空兵装とはどんなものなのかを承知するために、航空自衛隊も導入を開始した

「Ｆ－35Ａ」戦闘機の胴体弾倉内に収納可能な巡航ミサイル「ＪＳＭ」（ジョイント・ストライク・ミサイル）について、スペックを見てみましょう。防衛省は、これを米国から買うことをほぼ決めています。

この名称に冠されている「ジョイント」（統合）と申しますのは、米軍が連邦議会に新兵器の調達予算を認めてもらおうというときに、たとえば「空軍専用品です」とか「海軍専用品です」と説明をすると「だったらどちらでも使えるように共通化したら？　その方が安上がりじゃないのか。国民の税金を節約する気があるのか」と上下両院の議員さんから叱られてしまいますため、「初めから米軍全体で共用できるように考えられているものであります」とプレゼンする、決まり文句のようなものです。

じつはこうした「ジョイント主義」が今日では逆に米国製新兵器の値段をいちじるしく高騰させ、開発完了期間も異常に遅延させてしまうという問題が起きているのですけれども、それについてはすぐ後で解説します。

「ＪＳＭ」は、ノルウェーのメーカーが、長射程の艦対艦ミサイルとして２００７年から開発開始。それが寸法的にコンパクトで、ちょうどうまく「Ｆ－35」の爆弾倉に収まりそうだというので、09年に米軍が着目し、独自に改造して採用しようと決めました。もともとの名前はノルウェー語で「新対艦ミサイル」と称していました（それ以前に「ペンギン」という名のノルウェー製の海上戦術ミサイルがあって、それに対しての「新」です）。

全長4メートル弱、全重410kg、そのうち弾頭重量は125kg（230kgまで増強もできる）。爆薬は胴体の中央部にあり、炸裂するとチタニウム製の破片が飛散するようになっています。

軍艦から発射するときは最初に火薬のロケットブースターに点火し、一定速度が与えられると、内蔵の小型ターボジェット・エンジン（フランス製）が始動し、亜音速で巡航します。

軍艦から発射したときは185km以上、高空から発射すれば555km以上も届くようです。VLS（垂直発射管兼用コンテナ）からも、もちろん発射可能。

艦対艦型や地対艦型は2012年に完成し、マレーシア軍やポーランド軍が輸入しています。米海軍は「LCS」という、敵性沿岸域で活動させる新式の小型軍艦に搭載する対艦打撃力としてこの「JSM」だけを搭載することを2017年に決めました。

ところで西側諸国が採用する、こうした長射程の対艦ミサイルにつきまとうひとつの難問は、敵ではない中立国や味方の艦艇、はたまた民間船舶を、敵軍艦と誤って破壊してしまう可能性でした。なにしろ水平線を三つも四つも超えた遥か遠くの洋上で命中させるものですから、運用者が目視で標的を確認することなど期し得ないのです。

これを解決するために「JSM」は、ミサイルの赤外線センサーが捉えた目標のイメージを、あらかじめ収集しておいた敵艦画像のデータベースと瞬時に照合するようになっています。画像処理専用の演算チップをマルチコア化する（回路の集積度を無理に高めるのではなく複数持つ）ことによって、これは可能になったそうです。

対地攻撃用の巡航ミサイルとする場合は「ＪＳＭ」は「地形照合方式」でも自律誘導可能です。地面の細かな座標ごとの精密な標高データが記憶チップに入っていれば、電波高度計が捉える数値の刻々の変化から、現在通過している場所の見当がつきますので、舵を微修正させながら、プリセットされた正しいコースを維持できるわけです。

「ＪＳＭ」のミサイルのセンサーが、たとえば陸上で動いている「ミサイル運搬兼発射台トラック」を撮像したら、「リンク16」というＵＨＦ帯～ＳＨＦ帯を利用したＮＡＴＯ標準のデジタル無線回線を使って、発射母機の側でリアルタイムにその画像を確認することもできるようにする計画だそうです。同時に撮像された標的候補のうちの、最も破壊価値の高いものを指定することができるわけです。

この「通信による照会」という手順の部分は、やがてはＡＩ化により省略されるでしょう。ロシア軍などは、「リンク16」を通信妨害してしまう方法の研究に余念がないためです。

ポーランドのようなバルト海に面する国の軍隊が、沿岸防御用のミサイルとする場合（もちろん敵はロシア海軍にきまっているのですが）、発射司令所とミサイルのランチャーは光ファイバーによって10㎞まで離隔することができ、ランチャー同士も分散して配置できます。

新鋭の「F－35」戦闘機は、弾倉に入らない大ぶりな爆弾やミサイルを、翼の下などに吊るすことも可能です。が、それをしますと、機体外面（特に下面）を絶妙に成形して敵のレーダーによる被探知の確率を最低にしたステルス設計の努力と高コストは何のためだったのかわからなくなります。

できるだけ、兵装類を弾倉内に収納できなければならないのです。「ＪＳＭ」は「F－35」の機内に収納できる（最大2発）唯一の対艦巡航ミサイルですので、「F－35Ａ」ユーザーとなったわが航空自衛隊は、選り好みの余地無く、「ＪＳＭ」も買うのでしょう。

良いことずくめのように聞こえる「ＪＳＭ」ですけれども、じつはわが航空自衛隊は今、頭を抱えています。

〈ジョイントの罠〉に、もののみごとに嵌っているのです。

「F－35Ａ／Ｂ／Ｃ」は米空軍／米海兵隊航空隊／米海軍航空隊の三軍で運用される戦闘機ですので、「ＪＳＭ」もまた「ジョイント仕様」でなくてはなりません。

このため米国において「F－35」と「ＪＳＭ」の相性を見る予備的なテストが済んだのがやっと２０１７年。これから「F－35」から発射するためのソフトウェアを書き、それが終わるのが２０２０年。さらに細部をいろいろ手直しして米国内で量産して実戦配備できるのは２０２５年だろうと予想されているのです。

そんなに時間が経過した頃にはもう北朝鮮などという国は地図に無いかもしれません。中共という政体も崩壊しているかもしれないし、あるいは逆に、とんでもない独裁大国が全アジアを支配しかかっているかもしれないわけです。

危険で厄介きわまる儒教圏の最前線に位置している日本からすれば、とにかく納品が遅すぎるのです。とはいえ、そんなことは「未完成であるF－35をどうしても買う」と防衛省が決めた時から織り込んでいなくてはならなかった話……。いまさらそれであたふたとしているのは、防衛省や空幕がいかに国際情勢の変化のスピードと国家の優先順位を読む当事者能力に足らざるところがあるかの証しでしかありません。

DARPAがいいことを言っている

これについては米国国防総省内のハイテク開発促進部局であるＤＡＲＰＡ（国防高等研究計画局）が２０１７年に、教訓となる概念整理をしてくれています。

どんな兵器システムにも「サービス・ライフ」（保存可能期限）と「ケイパビリティ・ライフ」（有用性発揮期限）とがあるんだ――とＤＡＲＰＡは言うのです。

たとえば朝鮮戦争中にソ連製の「T－34／85」戦車を阻止するために急遽（きゅうきょ）改良された米軍のバズーカ砲（対戦車ロケットランチャー）を、陸上自衛隊は創隊時に米国から供与されて、以後何十年も大事に使っていたものでしたが、この兵器は要するにアルミ合金のパイプで、筒の内部にはライフリング（砲身内のらせん状の溝）も刻まれてないのですから、錆びたり磨耗することもなくて、武器庫で半永久的に保管しておくことだって可能でした。「サービス・ライフ」が尋常でなく長かったわけです。

しかし旧式なその対戦車ロケット弾が1980年代以降のロシア製戦車の複合装甲等による多重防禦を突破し得て戦車阻止の役に立つのかといえば、とても無理でしょう。すなわち兵器の本来目的であった「敵主力戦車の撃破」という機能は80年代から逐次になくなる一方。「錆びてもおらず、磨耗してもおらず、まだ使える」という理由だけでその装備を漫然と歩兵たちに押し付けて運用させ続けようとするのならば、国防の大目的を損なうことになるはずです。

なぜなら敵国は「日本の歩兵部隊の対戦車火器の主力はあんな無効兵器なのか。だったら今すぐ戦車を上陸させてしまえば日本の領土は奪える」と計算して、侵略を急ぎたくなる気持ちにもなろうからです。

そこでDARPAは強調しています。〈新しい兵器システムを発注する者は「有用性」の要求を単機能に絞り、開発を面倒にするだけのその他の余計な要求はぜんぶ引っ込めよ〉と。

つまり「ジョイント」のまさしく逆を行けと奨めるわけです。「多目的」性だとか「多機能」性だとかもスッパリと忘れなくてはならない……と。

開発メーカーに対する注文が複雑化すればするほどに、開発や仕上げ（試作品の微修正）に要する期間は遷延（せんえん）し、そのうちにまた仕様性能の変更があちこちから追加的に要求されて来て、一からまた試作のやり直しとなるループに陥り、いつまでも量産には移すことができず、必要予算はそのすべての時間に比例して倍増し、味方の部隊がいっこうにその装備を手にすることができずにいる間に、中共などの敵性ライバル国が先に類似機能を狙った物真似品を完成してどんどん部隊に配備し始めてしまい、やっと完成できた頃には単価が高額すぎて初期の数量を調達できないなどといった、本末転倒なことになるのがオチなのです。

　思い切りよく「単機能」のコンセプトに徹したならば、ハイテク兵器開発の経験量と人材の厚さにおいて米国にはとうてい並ぶことなど不可能な日本のメーカーであっても、テンポよく新兵器をリリースできるはずです。

「十徳ナイフ」の全体を隅々まで細かく見直して改善した新型番の設計図を画定して量産に移すのは、それだけでも一大事業になってしまうでしょう。が、もし単機能の刃物系道具10種類を、おのおののペースで改良し続ければよいのであれば、それはいともたやすく安価に実現され、ユーザーに不便を感じさせたまま長く待たせることもないでしょう。

「単機能」の新兵器は、開発費も取得費も抑制されているので、もし旧式化したら捨てるのも惜しくはありません。すぐまた新機軸の単機能新兵器を別に調達したらいいのです。その新陳代謝のスピード感が、AI時代の「進化速度競争」で敵性ライバル国家を圧倒し、不埒（ふらち）な野心を起こさせない無言の警告ともなってくれるでしょう。

「JSM」の代用は、機能別の2つの新ミサイル

このDARPAの奨めに耳を傾けたのかどうかは知りませんが、航空自衛隊は2017年にとうとう、「F－35」用の「JSM」の完成などとても待ってはいられないと考え、対地用（要するに北朝鮮の弾道弾発射車両を撃破する）としては「JASSM－ER」というやや大型の空対地ミサイルを、そして対艦用（要するに尖閣海域に襲来する中共軍の空母を撃破する）としては「LRASM」という射程370kmのミサイルをそれぞれ米国から輸入することに決めた話は、既にしました。

繰り返しになりますが、重要なので細かい説明を加えます。

「JASSM－ER」は、射程はなんと925kmもあり、最初はGPS誘導で飛翔しますが、最後は赤外線カメラとAIが標的を識別して命中します。もしGPS信号が妨害攪乱（かくらん）されても、バックアップの内蔵電子ジャイロで航法を確立することが可能になっています。弾頭重量は454kgです。

このミサイルはメーカーであるロッキードマーティン社の公式ウェブサイトによれば

翼下に増槽だけが吊下された状態のF-2戦闘機。このパイロンのひとつに高性能な「ターゲティング・ポッド」を吊るせるかどうかで、対舟艇攻撃や対海岸陣地爆撃のパフォーマンスは全く変わってしまう。残念だが空自の取り組み姿勢は、新型航空機の取得ほどに熱心ではない。

いわゆる第四世代戦闘機は機体の下面がゴチャゴチャしているので、高空を飛べば敵のレーダーから発見され易い。しかしAWACSからデータリンクで情報を貰いつつ自機のレーダーは止めて超低空で接敵すれば、敵は攻撃を受ける瞬間まで、こちらの存在には気が付かない。事実上の「ステルスアタック」ができるのだ。

「F－16」戦闘機でも吊下できるのだそうですから、日本の対艦攻撃スペシャリストである「F－2」戦闘機なら余裕で吊下できるのだろうと思われるところですが、報道を読む限りでは、空自は「F－15」戦闘機だけをこのミサイルの運用担当にしたいようです。

北朝鮮はどうせロクな防空レーダーも持っていないので、レーダー反射面積の比較的に大きな「F－15」で日本海側から悠々と接近しても、北朝鮮側にはどうにもできまい——という読みが、空自にはあるのでしょう。

またおそらく「JASSM－ER」には、TEL（弾道ミサイルを運搬しまた発射ができる特注車両）を発見できなかった場合には、予め衛星写真でつきとめている「山腹横穴トンネルの出入口に突っ込め」といったプリプログラムがされているだろうと思います。トンネルの扉ぐらいは貫徹する力が、この弾頭にはあるのです。

AI内蔵ミサイルの極致「LRASM」

もうひとつの「LRASM」のなりたちを解説します。

米海軍と米空軍は、1977年登場の対艦ミサイル「ハープーン」いらい、じつに30年ぶりに新開発された、新しいステルス形状の長射程対艦ミサイル「LRASM」を、2017年6月にメーカーに発注しました。

「ハープーン」は、ミサイルの頭部に小型のレーダーを備えていて、敵艦に近づいたところでそのレーダーを起動させて、反射源に向かって突っ込んで行く方式でした。

これに対してこんどの新しい「ＬＲＡＳＭ」は、自前のレーダーは内蔵していません。ミサイルの方からは、いっさい電波を出さないのです。

その代わり、ＥＳＭという「電波方向探知機」を使って、敵の軍艦が対空警戒のために放射しているレーダー電波を捕え、その電波の特性から敵艦の種類までも識別して、搭載されているＡＩが、攻撃すべき1艦を決定し、いよいよ接近しますと、こんどは赤外線ビデオ画像を頼りに、その敵艦の最大の急所を見定めて、正確にピンポイントで激突するのです。

具体的には、航空母艦なら艦橋の付け根部分。巡洋艦や駆逐艦なら、ＶＬＳという垂直発射ミサイル・コンテナが密集して設けられている部位を選んで突入する。ＶＬＳの位置は軍艦のタイプごとに異なっていますけれども、「ＬＲＡＳＭ」に内蔵されているメモリーには敵国が保有する全種類の艦艇を網羅するカタログ資料が入っており、ＡＩがそれを参照することで、すぐ区別をつけてしまうのです。

ターボジェット・エンジンで飛翔する対艦ミサイルは、巡航ミサイルの一種ですから、長射程化させることは難しくありません。問題は、長時間の飛行を続けているうちに、敵の軍艦は元の場所から何海里も移動してしまうことでした。

「ＬＲＡＳＭ」はこの問題を解決しました。「Ｆ－22」戦闘機、「Ｆ－35」戦闘機、および「Ｂ－２」爆撃機のために開発されてきた最先端のＥＳＭ装置を、メーカーは超小型化することに成功したのです。

どんな敵艦も、戦時の外洋で防空警戒レーダーを停波して航行し続けることは不可能です。また、最新の軍艦の外形をステルス化することができても、やはり電波を出さずにいることだけはできません。暗夜や濃霧や悪天候で、小型軍艦の姿が見えにくくても、電波だけは遠くまで放散するものです。

軍艦が出している電波の周波数や波形はもちろん多種多様ですけれども、「ＬＲＡＳＭ」の内蔵メモリーには、そうした違いを網羅した電波個性カタログが入っているため、艦種や艦型を混同することはありません。たとえば敵の駆逐艦と空母とが並んでいたら、必ず空母の方を襲撃することになっています。

「ＬＲＡＳＭ」の方はステルス外形ですから、敵艦がその飛来に気付くのは、すでにかなりの近距離まで肉薄したときでしょう。防禦のために必要な対処時間は、ほとんど与えられないはずです。

「ＬＲＡＳＭ」の射程は２００海里（３７０㎞）で、ハープーンの3倍です。射点がこれだけ離隔していたら、敵空母の護衛の駆逐艦のレーダーで、発射母機のＦ－35が探知されることもありますまい。

弾頭重量はハープーンの2倍だそうです。

「LRASM」は、まだ完成品ではありません。ショップの棚に並んでいるマスプロ商品ではないので、これから先、思わぬ開発遅延もあり得るでしょう。

ターゲティング・ポッドの中のAI

現在の戦闘攻撃機が「敵地に侵入して爆撃を加えて戻れ」というミッションを命じられた場合、パイロットは、コンピュータを支配しているというよりも、むしろコンピュータに隷属した部品であるかのような仕事に甘んじます。

まず飛行コースからして、パイロットは自分で考えることはできません。ミッション・コンピュータという、機体にビルトインされているマシーンが、最善の往復コースを出撃前に予め細かく計画してくれたのに従うのみです。

そのマシーンは、敵地の防空レーダーの位置や電波特性について平時に味方が収集しておいたデータを、最適判断の根拠にしています。

往復の消費燃料が最少で済み、しかも最も敵レーダーから探知されにくくなるコースと高度は、ソフトウェアのアルゴリズムが自動的に決めるでしょう。それを意図的に逸脱して自分勝手なコースを飛び、被撃墜や、燃料切れピンチのリスクを増やそうというパイロットはいないでしょう。

先進国軍による敵国内陸部への空襲は、深夜に実施されることが多くなっています。よほどのステルス機でもない限りは、暗夜に超低空で侵入することが、遠くからの探知や被弾を回避する上では理想的でしょう。しかしその代わりに、山の稜線や高圧送電線や鉄塔に衝突してしまう危険は増します。

加えて、ジェット戦闘機は爆撃目標の上をごく短時間で航過してしまいますので、ボンヤリした地表のビデオ映像（たいがいは赤外線イメージ）しか得られないとすると、目標それじたいをミスしてしまう蓋然性も高い。なにしろパイロットは操縦に全霊で集中をしていないと、いつ地表に激突してしまうかも知れないのです。モニター画像ばかりを凝視していられない事情が、かつてはありました。

こうした難問を解決したのが、米空軍の「ランターン」（LANTIRN＝Low Altitude Navigation and Targeting Infrared for Night）と呼ばれる、暗夜赤外線式低空航法＆ターゲティング・ポッドでした。

このシステム、地形把握レーダーや熱赤外線ビデオと連動したAIがパイロットを導き、超低空で障碍物を避けつつ、プリセット高度を維持して目標上空に到達し、その目標をモニター画面上でパイロットに示し、攻撃の許可をパイロットに求め、パイロットが指先ひとつで許可すれば、レーザー反射源ロックオン式の誘導爆弾か、もしくは、赤外線画像ロックオン式（やはり最初に母機からレーザーでターゲットを照射してやる）の「マヴェリック」空対地ミサイルを最適のタイミングで放出し、あとはパイロットは帰投のことだけ考えていたらよいのです。ちなみにこのポッドが発する照準用のレーザー光は12㎞先まで届きます。

「ランターン」の開発は１９８０年後半からスタートして、試製品は84年末にできあがりました。量産品を米空軍が装備したのは87年で、これが91年の湾岸戦争で世界を驚嘆させることになったのです。

「Ｆ－16」のような単座戦闘機が、暗夜にたった一回の上空航過（投弾時は高度３０００～５００0メートルに上げる。無照準で乱射される対空自動火器の流れ弾を喰わない用心として）で、精密誘導兵装を確実に目標に叩き込めるということは、ランターンに備わったＡＩがどれほど至れり尽くせりであるのかを、雄弁に示唆していました。

当初はポッド2本が1組で、航法用ポッドと照準用ポッドを左右の主翼下に吊るしたものでしたが、96年の「ランターン」の新製品からは、1個だけでよくなっています。

世界中の有力ハイテク兵器メーカーが、「ランターン」の同格品や類似品の開発を急いだことは言うまでもありません。同じような性能の戦闘機でも、すぐれたターゲティング・ポッドが付いているのといないのとでは、攻撃力に雲泥（うんでい）の差がついてしまうからです。

米空軍は2005年に、「ランターン」よりも新しい「スナイパー」というターゲティング・ポッドを「ストライクイーグル」（複座のF－15E攻撃機）用に導入し、06年には「F－16」戦闘機（ブロック30以降の型）にも取り付けられるようにしました。さらに08年にはスナイパーが「B－1」爆撃機に取り付けられ、2015年以降は「B－52H」爆撃機（B－1と同様、非核兵器しか搭載できない型です）も、使えるようになっています。

「B－1」や「B－52」は、たとえばISが占領していたラッカ市の上空を交替で24時間旋回し、「スナイパー」の高性能赤外線カメラによって夜間も地表を監視し続け、自爆トラックなどが走り出てくると、すぐにターゲティング・ポッドで精密照準して、レーザー誘導の小型爆弾でその特攻攻撃を頓挫させるといった、きめのこまかいCAS（近接空爆支援）任務に従事しました。

「B－52」は、「スナイパー」を使って、洋上の多数の小型舟艇（しゅうてい）をレーザー誘導の小型爆弾で片端から沈めるという演習も実施します。台湾や尖閣諸島や南シナ海を占領する野心を隠さない中共軍に対する「警告」であることはいうまでもないでしょう。

ロシアも追随しているが……？

空中から地上にある物体をビデオカメラで見渡した画像データの中から、車両や人員だけをAIのパターン認識の力を借りて操縦席のモニター上に強調映示してくれるソフトウェアがあったなら、攻撃用航空機の乗員の仕事はずいぶん助かることでしょう。

とうぜん、すでに先進諸国軍はそのリクエストをハイテク兵器メーカーに出しています。

２０１７年９月に、「ザーパド演習」の一環として飛行していたロシア軍の最新鋭攻撃型ヘリコプター「カモフ52　アリゲーター」が、まっぴるま、民間人の駐車場にロケット弾（無誘導）を誤って撃ち込んでしまったという珍事が報道されています。

２０１１年デビューの「カモフ52」は、西側のターゲティング・ポッドと類似の機能を最初から機体に組み付けておくことで、操縦士1名だけでも夜間の対地攻撃ができると謳った野心的な攻撃ヘリでした。必然的に「準ＡＩ」による「半自動交戦」システムが採用されているのでしょう。

おそらく地上の民間車両を練習標的にして画像センサーのモニター上でロックオンし、そこに向けて機体の軸線を合わせる訓練を試みたところ、２人の乗員のうちどちらかが予めマシーンに実弾発射の許可を与えてしまっていて、そのため軸線が合ったとたんに実弾頭付きのロケット弾が飛び出してしまったのでしょう。

「ＡＩが人間に反乱する」という事態はあり得なくとも、このパターンの事故はこれからもなくならないでしょう。

つまり、ＡＩに依拠し過ぎている軍隊が、一瞬の射撃チャンスを無駄にしないようにできている超敏感なシステムに、あらかじめＡＩが最善と判定するタイミングでの実弾の発射許可を与えていたりするせいで、まさに人間の操縦員の目の前で、誤射や誤爆が起きてしまうというアクシデントです。

マシーンは、「今を逃したら当たらない」というタイミングでサッと引き金を引いてしまいますので、人間が「これはまずい」と気付いても、慌てて介入して止める暇は無いのです。

生半可なAIでは「AWACS」の壁は越えられない

しかし空対地戦闘ではなく、戦闘機同士の空対空交戦となりますと、AIの貢献度は低下します。ここには現在のAIの限界がありそうです。

日本の航空機マニアが理解できているかどうかはいつもながら疑問ですが、米国製「AWACS（早期警戒管制機）」から「リンク16」を通じてサポートしてもらえる味方の第四世代戦闘機（たとえば「F－15J」や「F－2」）は、自機レーダーでは捉えられないほど遠くに存在する敵機（たとえば「スホイ35」の最新型）も自機コクピットのディスプレイ上で位置確認することができ、そこにロックオンして中距離空対空ミサイルを発射すれば、楽々と「撃墜1」のスコアをマークすることができるのです。そのさいこちらが「F－15」等の機首レーダーを停波していれば、敵側ではこちらの戦闘機の存在には終始まったく気付きませんので、回避機動もしません。

要は「AWACS」とコンビを組めば、「F－15」もステルスになったと同じことなのです。米

今日の世界の空を支配しているのはF-22でもB-2でもない。米国製のAWACS＝早期警戒管制機だ。これとデータリンクされる味方戦闘機は、ステルスではない旧式機でも最新ステルス機同様となり、逆に敵の戦闘機は、最新ステルスを謳っていようとも少しもステルスではなくなってしまう。つまりAWACSが戦場に在空する限り、敵国空軍機には文字通り万に一つの勝ち目もない。敵もそこはさすがに理解しているので、開戦劈頭に空自の浜松基地にゲリラ攻撃とミサイル空襲を仕掛けてくるはずである。写真は米空軍仕様の「E-3」。日本向けのはエンジンが双発でランニングコストを抑えた「E-767」。メーカーは同じボーイング社だ。

国製「ＡＷＡＣＳ」および「リンク16」の威力は、それほどに絶大です。

わたしは「第四世代戦闘機」と「第五世代戦闘機」の区分けは世間に誤解を与えているだけだと信じます。「米国製ＡＷＡＣＳとリンク16で連携ができて、ＡＭＲＡＡＭ級の長射程空対空ミサイルを運用できる戦闘機」は「空戦に使えば必ず勝てる戦闘機」と括（くく）ってよいのですから。

米国製の「ＡＷＡＣＳ」は、「Ｂ－２」のような無尾翼型の本格的ステルス機の探知には苦労するはずです。が、垂直尾翼が機体の背面に立っていて、上から見たときにコクピットが凹(へこ)んでいて（その凹みからのレーダー波反射をゼロにする方法は発見されていません）しかも機体表面のコーティングに関してややコストをかけ惜しんでいる「F－35」級の（自称）ステルス戦闘機でしたならば、探知に苦労などしません。

米海軍の非ステルス型の電子戦闘機である「EA－18G　グラウラー」が、その固有のAESAレーダーで「F－22」を普通に探知できたという話がずっと前からあるほどです（豪州空軍がそのグラウラーをリースされて運用しているのに、航空自衛隊も倣(なら)いたがっているという話が18年1月に報道されました）。まして高空の「AWACS」から見下ろされた場合には、「F－35」は少しもステルスではない、と考えた方がいいのです。

〈F－22は他国へは決して輸出できないが、F－35ならスタンスの怪しい友好国へすらどしどし供給できる〉と決めている米国の武器輸出ポリシーの理由も、まさにそこにあると考えるべきです。米空軍の「AWACS」でも探知し辛いようなステルス機を、米国は、外国（特にイスラエル）に売れるわけがないでしょう。

ところで2017年現在、ロシア空軍はシリアの上空において、「F－22」が「スホイ35」のレーダーにどう映るかを実地確認中です。米露間で協定された飛行境界線であるユーフラテス川を勝手に越えて侵入してくるのは、「F－22」の信号特性データを取りたいからに他ならないでしょう。

いくら優れたステルス設計の「F－22」でも、コクピットを真上からレーダーで照射されれば少しは乱反射があるはずです。それを確かめてデータを取るためには、最新レーダーやESM（パッシヴ電波標定装置）を積ませた「スホイ35」が相当に近寄ってみるしかないでしょう。

今のロシア空軍では虎の子あつかいの「スホイ35」戦闘機ですけれども、これはもとをたどるなら1980年代の「スホイ27」を焼き直した系列に連なります。その「スホイ27」は、そもそも米空軍の「F－15C」に総合性能で対抗しようと開発された機種でした。そして露軍はその目標を達成したことはありません。

2017年11月のドバイで開催された航空ショーに参加した「スホイ35」は、メーカーによって「AI化されている」と大いに宣伝されています。標的を探知すると、内蔵のAIがそれを分析し、どの兵装で攻撃するかも、全自動でコンピュータが決定する——というのです。しかし、ひとつハッキリしていることがあります。

ロシア空軍にも中共空軍にも、米国製の「AWACS」に匹敵する早期警戒管制機はありません。したがって「スホイ35」の最高性能のレーダーが航空自衛隊の「F－15J」を空中で探知する前に、「スホイ35」は空対空ミサイルによって撃墜されてしまうでしょう。

中共空軍の装備はすべての面でロシア空軍の装備品より低性能ですので、わが航空自衛隊が心配しなければならないことは、敵の工作員が「ＡＷＡＣＳ」の本拠地である浜松飛行場に破壊工作を仕掛けてくるのをどう防ぐのかということと、もしなんらかの方法で「リンク16」が使えなくされてしまった場合はどうするか、を考えておくことでしょう。

空戦中のレーザー幻惑による防御

技術力だけでなく、政治指導者の国益擁護姿勢（他国から新兵器についてとやかく言われた場合にその悪宣伝を堂々と斥けるに足る言語力）にも不安がない米国は、戦闘機に搭載可能な重さの破壊力があるレーザー砲が完成したなら、すぐにそれを実装させるつもりで準備を進めています。

かたや、兵器としてのレーザーにそこまでの開発投資をして来ず、また政治指導者の国益擁護姿勢にも大いに不安があるわが国ですと、とうていその真似はできません。

けれども、敵機が発射してきた光学ホーミング方式の空対空ミサイルの弾頭シーカーを幻惑して自機から逸らしてやったり、高Ｇ（加速度）がかかっているドッグファイト機動中に敵戦闘機パイロットの視覚を連続的に幻惑させて近接空戦を断念させてしまうような、高度なベクトル調節性能を有するレーザー波投影装置を軍用機に取り付けることは、日本の技術でも可能でしょう。

その方向制御機構にはＡＩによる三次元予測が必要になることは申すまでもありません。

このシステムは、敵パイロットを失明させたり敵機の機体を燃やしたりするほどのエネルギーを持っていません。どこの国の軍用輸送機にも今日取り付けられるようになった、ミサイル避けの赤外線／紫外線撹乱ライトに類するものですから、敵国にも文句の付けようはありません。

もちろん日本の周辺諸国は密かに、できるならばわがパイロットを失明させることができるほどの毀害力がある空戦用レーザー武器を欲し、鋭意研究中のことと推察します。

破壊殺傷威力があって、繰り返し発射にも問題のない軽量小型のレーザー銃が、ＡＩ予測照準とセットで普及したときこそは、有人戦闘機の時代が終わるときでしょう。

攻撃ヘリコプターの暗視装置とＡＩ

暗視装置は年々進化しています。

１９９１年の湾岸戦争を調査したロシア陸軍がまず衝撃を受けましたのは、もはや「夜間」は米軍の暗視装備（特に赤外線ビデオカメラ）の前には「隠れ蓑」たり得なくなった――という新現実でした。

米陸軍はしかも、攻撃型ヘリコプター「ＡＨ－64　アパッチ」の赤外線装置を補う全周警戒手段としてかねて「ミリ波レーダー」にも着目していて、さっそく湾岸戦争が終わった直後から「ロングボウ」というシステムを搭載し始めました。

これを知ったロシア軍では、「豪雨」「砂嵐」「濃霧」などの悪天候に徹底的に乗じて味方の機甲

攻撃ヘリコプターは固定翼機と違って航続距離がとても短いため、南西諸島防衛が焦点となった今日では、ほとんど出番は期待できない。米陸軍のモデルをライセンス生産したAH-64Dアパッチは、米海兵隊攻撃ヘリのような耐塩表皮ではないし、洋上航法用器材も不十分だ。しかし英軍は敢えて陸軍のアパッチ・ヘリを軽空母に積み、2011年にリビア沖から作戦させている。当時のわが防衛省は『ひゅうが』級DDHからAH-64Dを運用できない理由を幾つも並べ立てて弁解したものだが、単に役人根性からマルチドメインに挑む気がなく、その才覚も欠けているだけだろう。

部隊に奇襲させるという戦術を熱心に研究するようになります。殊にミリ波レーダーは雨の日に調子が落ちるからです。

すると米陸軍は、ミリ波を補う、新世代の超高性能の赤外線偵察&照準装置「アロー・ヘッド」を開発して2005年頃から追加。

さらに2011年に戦力化された「アパッチE」型では、無人偵察機（固定翼型）との完全一体運用も実現しました。

それまで米陸軍の攻撃ヘリは、有人の偵察ヘリを先行させてそこから最前線の情報を音声無線によって得ていたのでしたが、このE型になりますと、同時に2機の無人偵察機に搭載したビデオカメラの映像を、データリンクによってそのまま「アパッチ」

のコクピット内でモニターできるようになり、しかもその無人機の操縦すら「アパッチ」の側において可能なのです。結果として、有人の偵察ヘリは「御役御免」――つまり廃止されてしまいました。

敵の地上部隊からすると、「アパッチ」の音も聞こえず姿も見えない遠距離から、いきなり「ヘルファイア」空対地ミサイルが降ってくるようになったのです。もちろん「アパッチ」のクルーも、もう肉眼では敵戦車の姿などを視認することもありません。そんな時代になっているのです。

アパッチが発射する「ヘルファイア2」ミサイルは自重48kgで、湾曲弾道を描いて8kmも飛翔します。弾頭部の重さは9kg。ただし内部に炸薬（さくやく）は1kgしか入っていません（初期型の対戦車弾頭ならば炸薬7・25kg）。爆発のさいのコラテラルダメージ（側杖毀害（そばづえ））を局限できる、対ゲリラ作戦におあつらえむきな兵装と言えるでしょう。8km先まではおよそ20秒弱で到達します。

「アパッチ」が夜間にホバリングするときには、敵ゲリラが音だけを頼りに自動小銃を射ちかけてくる場合の安全も顧慮（こりょ）して、高度は800メートルとしているそうです。

最新の「アパッチE」型は、1トンの兵装を吊下すれば90分しか飛べません（兵装のすべてを予備燃料タンクに替えると3時間余計に滞空できる）。

これを「グレイイーグル」のような無人攻撃機と比べたときに、果たしてどちらのコストパフォーマンスが優れていると考えるかは、その国の軍隊が想定する近未来の戦場次第です。しかし、わが国の場合、あきらかにもう「有人攻撃ヘリ」そのものが時代遅れではないでしょうか。

各種の無人偵察機が発見した目標（特に舟艇や艦船）に、ＭＬＲＳ（多連装ロケットシステム）のＧＰＳ誘導タイプや、適度な射程の各種の戦術ミサイル、および自爆型無人機を突入させるというコンビネーション運用の方が、靱強性、秘匿性、奇襲性、そして総合コストの上で、優っているように思えます。

現在、陸上自衛隊は「ＡＨ－64ＤＪＰ」型を、一線機として9機、プラス、練習機として3機だけ保有しています。〈師匠〉の米海兵隊は、攻撃ヘリとしては「スーパーコブラ」という一世代前の型を使い続けていて、「アパッチ」は保有していません。それで何ら不足を感じていないばかりか、甲板繋止中の海水飛沫対策や、洋上飛行のための航法機材が充実している点では、「スーパーコブラ」に軍配をあげているようです。

下地島には空自OBが「民間航空会社」を設立するとよい

航空自衛隊には、もっと民活が必要です。

米国のヴァジニア州に、ＡＴＡＣ社（Airborne Tactical Advantage Company）という、わたしたちがもっと注目すべき民間航空サービス会社があります。

２０１７年に、フランス空軍が２０１４年に退役させた「ミラージュＦ１」戦闘機を63機、同社が１機数十万ドルで買い取った――と報道されています。ＡＴＡＣ社ではその半数ほどをリファービッシュ整備して飛べるようにし、残りは将来の部品取り用に保管するそうです。「ミラージュＦ１」は１９９２年まで７２０機が製造された戦闘機です。仏空軍で使ってはいなくとも、それを輸入したガボン、イラン、リビア、モロッコなどではまだ現役なため、メーカーは部品の製造と整備サービス等を継続しています。

ただしＡＴＡＣ社に売られる機体からは、機関砲や、機微な部品が外されています。これはフランス政府の規定によるものです。

ところでいったいＡＴＡＣ社は、そんな非武装の中古機で何をしようというのでしょうか？

じつは同社は、退役した元戦闘機パイロットを社員として雇用し、米海軍航空隊や米海兵隊航空隊や州兵空軍が本格的な空戦訓練をするときの「仮装敵空軍機」の役割を有料で軍から請け負っているのです。

冷戦が終わって国防総省の予算が渋くなった１９９０年代の後半から、この民活事業が始まりました。そして今日では軍需大手のテクストロン社が親会社となっているようです。それだけ将来有望な業種なんでしょう。

ＡＴＡＣ社はこれまで、米国製、英国製、イスラエル製の古い軽量ジェット戦闘攻撃機で「仮装敵機」を演じてきました。ちなみに英国製の「ハンター」という戦闘機に関しては、カナダのケベック市にその中古機をリースしてくれる小さな修理会社があるので、ＡＴＡＣ社ではそれを借りて営業しています。

ＡＴＡＣ社は、米海軍のポイントマグー航空基地に出張して、艦上戦闘機の上級空戦課程（いわゆる「トップガン」）で敵役を務めてよいと公認されている唯一の民間会社です。米海軍の厚木基地にも、ときどき出張してきます。

このような民間サービス会社があるおかげで、米海軍等は現役の戦闘機を訓練のために駆り出さずに済み、その整備費用を節約でき、装備の一線寿命を延ばすこともできるわけです。

米国には他に、スペイン空軍で用途を廃止した「ミラージュＦ１」戦闘機を買い取って、ＡＴＡＣ社と似たような業務を独立会社として米軍相手に展開しているドラケン・インターナショナル社という企業もあるそうです。この中古戦闘機を飛ばす費用は「Ｆ－16」戦闘機を飛ばす費用よりも安いということです。

かたや、米国ジョージア州には、フェニックス・エアー（Phoenix Air Group, Inc.）という、これまたユニークな、軍や沿岸警備隊や国務省を顧客とする民間航空サービス会社が存在します。

もともとは陸軍のヘリコプターパイロットだった社長が１９７０年代にアトランタ市で始めた、小さな農業用の飛行機サービス会社でした。今では「ガルフストリームＧ－Ｉ」というターボプロップ双発輸送機を世界で最も多く保有して運用する民間会社に成長しています。

ＣＩＡや特殊作戦コマンド（ＳＯＣＯＭ）は、ポスト冷戦期にやはり「民活」に注目しました。アジアや南米やアフリカでは、米軍の兵員や軍需品を運んでもらいたいときに、急には適切な飛行機をチャーターできないことがままあります。だからといっていちいち自前の「支店」を広げていては予算が足りません。

そうした交通僻地（へきち）で「秘密保持」を要する物資輸送や人員輸送をしてくれる「民間会社」と米国内で契約すればいいのだと、ペンタゴンは気が付いたのです。

フェニックス社の主たる顧客は、米軍の地域別作戦総司令部のひとつ、アフリカ・コマンド（ＡＦＲＩＣＯＭ）です。

２００７年以前は、アフリカ大陸を専管する米軍司令部は存在せず、欧州コマンドと南米コマンドがアフリカ地域を分担していました。ですからアフリカ・コマンドは新編の組織。さるがゆえに、いろいろなインフラの整備が遅れています。そこに民活のニッチな需要がありました。

国防総省がアフリカの任意の拠点に米兵や武器を送り込みたいときは、フェニックス・エアーに業務を委託します。同社は定期便を運航しない、チャーター便専用会社ながら、ＦＡＡ（米連邦航空局）から、国際便で爆薬を輸送してもよいという免許まで得ています。時には無人機も飛ばすそうです。

パイロットは全員が正社員で、パートタイマーではありません。また、機体もすべて自社保有です。これは「エボラ熱患者の隔離空輸」といった特殊業務があることを考えれば、うなずけることです。

　フェニックス・エアーが保有している1機の「ガルフストリームⅢ」は、米連邦防疫センターCDCの出資によって、要隔離患者空輸システムABCSを備えます。このレベルの伝染病患者は、同乗するクルーからも安全に隔離されねばなりません。患者隔離室を「負圧」に保つことで、上空でも空気が外へは漏れ出さないようにされます。

　機内には、焼却炉、過酸化水素霧発生器、胞子分離テスト器材などまでが備え付けられます。

　国務省が必要なときはいつでもこれを役立てるという契約を、フェニックス社は結んでいます。世界保健機関WHOや英国政府も、伝染病が蔓延したときに、本機の借り上げを頼むそうです。

　フェニックス・エアーの一部門は、米空軍やNATOのために「電子戦訓練の敵役」となって協力もします。特殊な電子器材を搭載した「リアジェット35／36」を飛ばして、戦闘機や爆撃機を電子妨害してやるのです。

　わたしは日本でも硫黄島あたりにこういう民間会社があってもいいと思うのです。あそこなら電波監理にもうるさくないでしょう。

　フェニックス・エアーは、本社の近くに飛行学校も運営しているほか、機体のレンタル業も営むそうです。

こうした会社がもしわが日本国内でも許可されたなら、なにか不都合はあるでしょうか？
航空自衛隊は「後備兵力」を民間会社化できるのではないでしょうか。

いくらなんでも民間会社に空爆やスクランブルをさせるわけにはいかないでしょう。しかし、輸送業務、戦闘機ではないパイロットの飛行訓練支援、救難捜索の手伝いなどは、いくらでもできるはずです。

またこうした特殊民間会社は、空自だけでなく、海上保安庁や水産庁や消防庁にも協力ができるはずです。飛行機をチャーターで貸し出せばいいのです。

もちろん、自衛隊専用のお抱え会社ではないですから、純然たる民間向けのサービス事業だって、オープンに請け負えばいい。それにはもちろん、普通の小型飛行機などを駆使できるでしょう。

米国には、ＡＴＡＣ社ほど本格的ではないけれども、やはり軍から仕事を貰う民間航空サービス会社が他にもあるようです。

ひょっとすると、軍用機パイロットの初歩の操縦訓練の一部も、民間会社に委託した方が総予算は安上がりかもしれません。

先島（さきしま）群島の「下地島（しもじしま）飛行場」を筆頭に、わが国には、利用率が極端に少ない民間の飛行場が、あちこちに余っているように見えます。せっかくの施設を、有効活用したらよいのではないでしょうか。

イスラエルの退役軍人たちは、じぶんたちでどんどんベンチャー企業を立ち上げてユニークな「商品」「サービス」を開発しては海外市場に売り込んでいます。この「覇気」が日本の自衛官たちには足らないように見えるのが、わたしには残念です。

中年の自衛官が受身の姿勢で退職後の再就職先を探すのではなくて、「起業」によって後半の人生を設計する——。今はそういう時代ではないでしょうか？

ヘリコプターは便利なものだが、エンジンが強力な機種だと、機内は隣の席との会話がとうてい不可能な騒音に包まれる。総理大臣など内外要人の輸送機としてはそれは不都合なので、政府はフランスから特別仕様のEC-225を3機輸入して、木更津の陸自に運用させている。輸送機としてのポテンシャルはCH-47よりもはるかに劣る。

英陸軍はアパッチ攻撃ヘリをヘリ空母で運用する方法を2004年から研究し、今では、海面に墜落した場合もしばらく浮き続けて乗員脱出の時間を稼ぐキットまで独自に取り付けている。手動ながら甲板上でローターを折り畳むこともできる。仏軍も陸軍用「EC-665ティグル」攻撃ヘリを、ヘリ空母から飛ばしてリビア内戦に介入した。だがこれから10年後を考えると、有人の攻撃ヘリそのものが無用になる蓋然性は高い。

コラム　AI時代は、すべてが記録される時代でもある

すべての自動車が「AIによるロボット運転」をするようになる前の段階として、いくつかの道路交通環境の激変があるだろうとわたしは思っています。

想像してみてください。

――航空機のブラックボックスと同じものがすべての自動車に搭載される。オーナーが購入して以降のすべてのペダル、ハンドル、レバーおよびスイッチの操作、車両の刻々の位置座標（したがって移動速度も）、全周記録ビデオカメラの情報がストアされるとともに、定期的にクラウドサーバーへアップロードされる。警察は捜査のためにいつでもその記録にアクセスし、記録デバイスからデータをコピー抽出できる……。

もはや交通警察官が道路に出なくとも、マナーの悪いドライバーや、信号無視、スピード違反等の常習者は、サーバーのビッグデータが教えてくれることになるでしょう。

万人にきわめて公平に、違反点数は漏れなく容赦なく加算され、マナーの改まらないドライバーには速やかに確実に「科料（かりょう）」や「免許停止」が待っています。そして免許停止期間中でありながら、あるいは罰金を納めることなく自動車を運転した者は即時に警察署に自動通報され、人数に限りのある交通警察官たちは、そうした最も悪質なドライバーの逮捕に集中で

きるのです。

もちろん変化はそれだけにはとどまりません。

ひき逃げのような重大な交通犯罪の「迷宮入り」はほぼ無くなるでしょう。またおそらく、テロや誘拐や強盗、あるいはダンプカーでこっそりと山の中に不法投棄をしてくる等の、自動車や道路を使うことを前提としたさまざまな犯罪も、とても計画しにくくなることでしょう。

第7章

陸のAI

無人銃塔

米軍は、ISR（情報収集・監視・偵察）の分野に特にAIの導入を急がせています。

たとえば、味方の有人偵察機や無人偵察機が拾い集めた敵ゲリラの携帯電話による会話やテキスト交信の内容を、地上の傍受センターに集約して、「AIマシーン」に逐一チェックさせ、その中に特定の単語がでてきたときに人間のオペレーターに対して注意を促す——という単純なアルゴリズムのソフトウェアは、もう十年以上も前から導入済みです。

それに続くのが、音声や文字ではなく、無人偵察機のビデオ画像情報をAIによって常続的にチェックさせ、もし通常と異なったわずかなパターン変化が看取されたときには、マシーンが目聡くそこに気付いて、ぼんやりしている人間様に警告を与えてやれ——という試みです。これはすでにご紹介しました〔第2章参照〕から、以下では専ら「無人銃塔」（RWSまたはCROWS）とAIの結合についてお話しをしましょう。

これこそは、皆さんが抱いているSFの「殺人ロボット」（今日では、自律型致死兵器システム＝LAWSと呼ぶ）のイメージにいちばん近いものだからです。

初期の原始的なリモコン銃塔

イタリアで1964年から開発されたOTO-MELARA 76mm自動砲は、69年の量産開始いらい西側海軍でこぞって採用している無人システム。外殻はFRP製なので軽く、写真のような小型のコーストガード船（米沿岸警備隊所属）でも搭載が可能だ。しかし日本の海保船艇に採用すれば攻撃的な外観を生じ、かえって使い難い。まず「政治家の質」「省庁の国際宣伝戦能力」をよく考えて、有効な武器を選ぶ必要がある。この点、埋め込み式の迫撃砲ならば外からは視認できず、海保船艇向きだ。

第二次大戦の終了直後から、東ドイツに駐留するソ連軍の重圧にさらされた西ドイツ連邦国防軍は、ソ連のおびただしい数の新鋭装甲車に自信をもって対抗できるような機甲装備の研究で西側世界をリードしなければならぬ立場でした。

はやくも１９６０年から、単に歩兵分隊を「お客さん」として運搬する軽武装の装甲車（ＡＰＣ）ではない、固有の機関砲銃塔（３６０度旋回可能）を備え、乗車させた歩兵分隊がその装甲車の内部から側面（および背面）の小孔に小銃の銃口を突き出して火力交戦することも可能な、全装軌（ぜんそうき）式の歩兵戦闘車（ＭＩＣＶ）の開発に乗り出したのです。

その試作が完成して69年に制式装備と

なったのが「マルダー」歩兵戦闘車でした。
車重29トンで、車体前半の天井には20ミリ機関砲塔（ソ連軍のBMPという歩兵戦闘車を距離1200メートルで正面から撃破できたほか、ヘリコプターに対する65度の高角射撃も可能）が載せられ、それとは別に車体後半の天井には独立した7・62ミリの無人機関銃塔が突き出して、車体の側方だけでなく真後ろも俯瞰射撃（上から見下ろすように火制すること。塹壕内の敵歩兵に対して特に必要になる射撃）ができるようになっていました。

これらのウェポン・システムのデザインは、陸戦用として時代に先駆けており、野心的でした。
マルダーの20ミリ機関砲は、その下に座る砲塔操作兵と、一体式に旋回はしますが空間的には天板によって隔離されています。すなわち操作兵は、砲塔に付属した覘視窓（潜望鏡式に光像が2回屈折して届く）から肉眼で戦場を見渡すことができるのですけれども、その頭上は装甲鈑とハッチとが塞いでいて、ハッチを開けないかぎりは機関砲に手を届かせられません。

機関砲の軸線と一致して俯仰する光学照準器は左右一対のステレオ式で測距儀を兼ね、操作兵はその光像もハッチの下で確認しながら引き金を引くわけです（当時は安価なレーザー測距儀はまだありません）。

いうなれば、戦前の戦艦の艦橋の頂部にあった主砲射撃指揮装置（砲弾の発射の引き金がそこで引かれた）の、人と火器との位置の上下を入れ替えたようなものでした。

ちなみに、マルダーにずっと遅れて試作を開始した陸上自衛隊の「73式装甲車」も、当初はマルダーと類似のリモコン旋回式の20ミリ機関砲塔を載せるつもりだったそうです。が、予算をいちじるしく超過することが途中で確実となって、諦められました。車体前半右側のハッチが砲塔基部のようにも見えるのは、その痕跡です。

20ミリ機関砲が買えなくても、せめて12・7ミリ重機関銃を機敏なリモコン式にしておいたなら「CROWSに30年先行した」とみずから慰め得たかもしれません（12・7ミリのタマでも6㎞飛ぶのです）。しかし精密サーボの利く小型で力強いモーターも、ハレーションを起こさないビデオ回路も無かった当時のメカトロニクスの段階では、とても企ては及ばなかったようです。

非光学系の自動発射火器

幕末の伊豆山中では、幕府代官の江川太郎左衛門が「雷汞（らいこう）」（近代の小銃用の雷管に使われる、衝撃に感応して起爆する火薬）の研究をしていた領内だけあって、猟師がイノシシ用に「仕掛け鉄炮（てっぽう）」を置くこともできたようです。

これは「罠線（わなせん）」が引かれさえすれば、そのターゲットが何者かには頓着することなくバネが弾けてニップル（外装式だが雨露に強い雷管）が叩かれ、ニップル内の雷汞が発火し、その火が小孔を伝って銃身奥に装填（そうてん）済みの発射火薬に引火して銃丸が飛び出したもので、冷戦時代のベルリンの壁に東ドイツ軍が設置していた「自動射殺用機関銃」や対人地雷と、アルゴリズムに格別の違いはありません。

ただし、「こんな山林の中を通行するのはまず人間ではあるまい。たいがいはイノシシだ」「この鉄条網を乗り越えて走る者は西ベルリンへの逃亡を図る非国民だと看做せる。それは即座に殺してよい」という判断だけは、あらかじめ、仕掛ける者によってなされているわけです。

海戦兵器には海上特有の、陸戦兵器には陸戦特有の制約があります。

173〜4頁でも解説しましたように、艦載火器であるCIWSには僚艦を守ってやろうとする意図の下に同士討ちの危険がつきまとってしまいます。しかしこれが「CROWS」など陸上のRWSによる自動防御システム＝APSでしたなら、原則的に自車に向かってくる飛翔体だけ気にかけていればよいわけでしょう。

AI兵器の第一世代としてのAPS

「地上を走る軍艦」だとも言える戦車に、敵が発射した「対戦車ミサイル」をミニ・レーダーで探知し、その着弾直前に空中において破壊してしまえる自動反応ロボット（能動的防御システム＝APS）を搭載したいと考え、早々と製品化したのは1983年のソ連軍だといわれています。

米ソ間の緊張が欧州と中東の両方面でかなり高かった頃でした。

当時、米国がイスラエル軍に供給していた「ＴＯＷ」（ヘリコプターからも、装甲車からも発射できる対戦車ミサイル）が、シリア軍などの装備したソ連製戦車を、その戦車砲の射程よりずっと遠くから楽々と撃破していました。これはソ連の国防省にとっては大きな悩みでした。なぜなら、欧州正面のＮＡＴＯ軍にはこの「ＴＯＷ」をはじめとした、さらに高性能な各種の対戦車ミサイルが多数装備されているのです。それに対してソ連軍の戦車は数ばかり多いけれどもじつは弱いんだと海外から見透かされてしまえば、国際政治のすべての局面で、ソ連高官の発言になんの威圧力も伴わなくなってしまうでしょう。

この第一世代のＡＰＳの詳細は残念ながらよく分からないのですが、戦車の側からレーダー管制の銃撃を試みるとか、小型の誘導弾を発射して迎撃するという精緻（せいち）な手法ではなく、ミリ波レーダーなどによって脅威が飛来する方向を察知した刹那（せつな）、砲塔基部の側面に複数固定されている小さなロケット発射機のうちの、適宜の方位を向いたものを発火させ、いわば「腰だめ」で小型砲弾を水平方向斜め上へ飛ばし、それを比較的に近い距離の空中で自爆させて、できるだけ斜め下向きに破片が飛散するようにして、その破片雲で真横から来る敵の対戦車ミサイルを捉（とら）える――という仕組みではなかったかと想像します。

といいますのは、最新型のロシア戦車用に準備されている最新世代のＡＰＳが、それに類するコンセプトなのです。

ただ、旧ソ連軍も現代のロシア軍も、このAPSよりはERA（爆発反応装甲）という、戦車の表面に貼り付けた弁当箱状の爆薬を、飛来した敵の対戦車弾に即時に反応させて自爆させ、それによって敵の対戦車弾の毀害（きがい）エネルギー（メタルジェット＝爆轟（ばくごう）による液体金属の超高速噴流）を逸（そ）らしてしまう——というコンセプトの方を信頼し、じっさいにそのERAは顕著な効果が認められているようです。こうしたERAには「人工知能」はまったく必要ではありません。

イスラエル企業が引き継いだAPS開発

冷戦中のロシアのAPSのアイディアに刺激されて、そのシステムを冷戦後に独自に大成することに成功したのは、イスラエルでした。

2017年9月の報道によれば、欧州での「対露戦」を強く予感しはじめている米陸軍は、その主力戦車の「M1A2」用に、イスラエル製の「トロフィ」という積極防護システムを試しに少し買ってみようかと決めたそうです。

「トロフィ」は、イスラエルの国有企業「ラファエル」と、同じく大手軍需会社IAIの「エルタ」部門による共同開発で、戦車にとっての脅威度が高まる一方の対戦車ミサイルを、戦車の砲塔回りに装置した〈ショットガン〉から散弾を浴びせかけることで〈撃墜〉してやろうという、高度に自動化されたシステムです。もちろんRPG（携行ロケット擲弾器（てきだんき））の飛翔体にも反応して

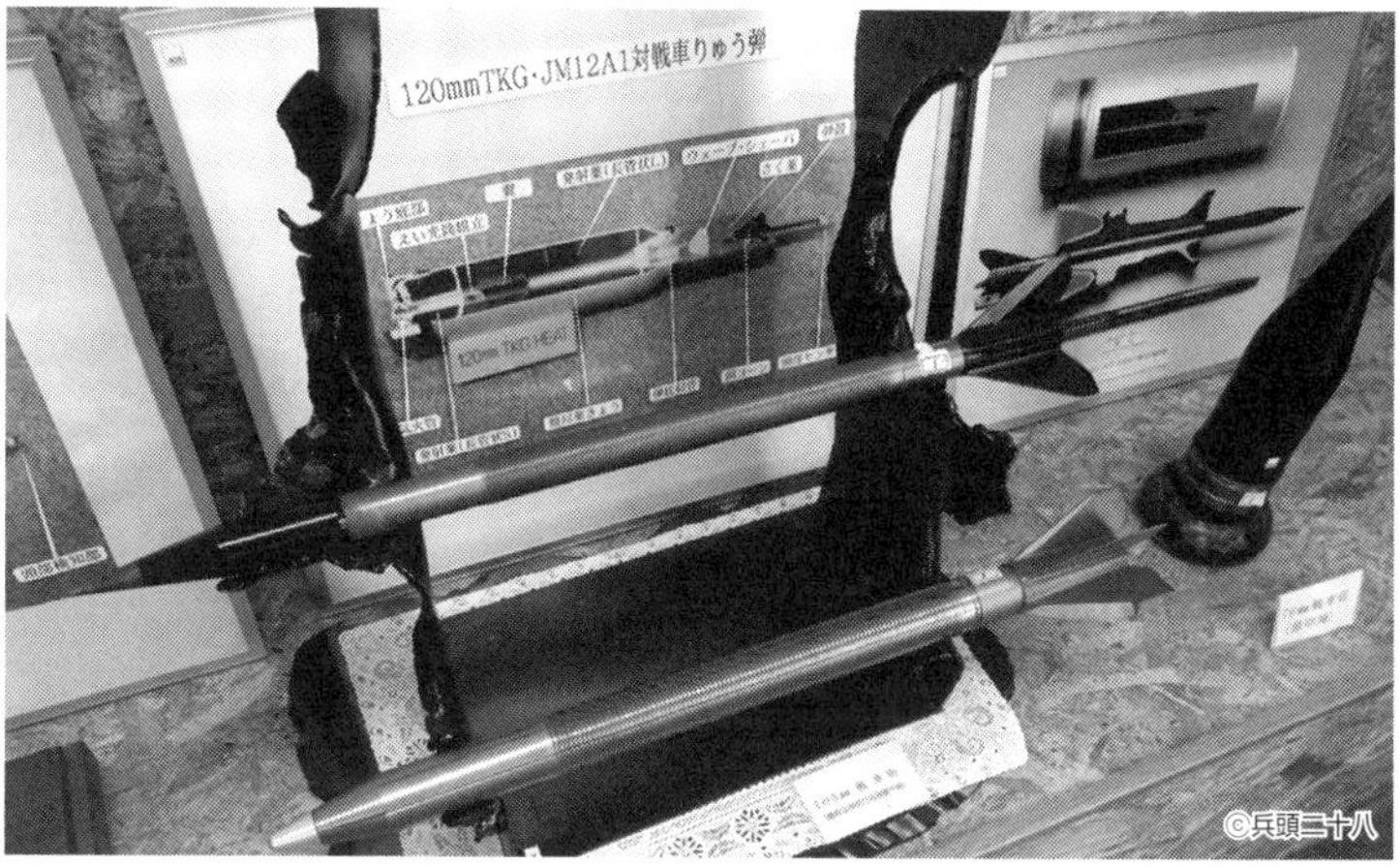

超音速の世界は日常体験からは想像が難しい。写真下の非常に重いタングステン製105mm徹甲弾（APFSDS）の訓練弾は割竹状にバラけるようになっていて、それを先端の合金キャップが束ねている。戦車砲から1150m／秒（マッハ3以上）の初速で発射されるや先端キャップは空気摩擦熱で溶融。万一標的を飛び越えて飛翔し続ければ空中分解し、演習場の外には至らないわけ。これが120mm戦車砲の徹甲弾だと初速はマッハ5を超える。「超音速対艦ミサイル」なるものの技術的ハードルの高さを推し量るべし。

くれます。

イスラエル軍は２００９年から、自軍のメルカヴァ戦車に「トロフィ」を取り付け始め、2年後には戦場で確かに有効であると立証されたそうです。

２０１２年のうちにイスラエルの戦車旅団の「メルカヴァ4型」のすべてにこの「トロフィ」が装置されました。そして14年にイスラエル軍がガザ地区で3週間作戦したときには、センサーの誤認による同システムの作動は一度も起きず、しかもまた、本物の対戦車弾頭が飛来しているのに無反応だったという「不発火」もなかった――と自慢されているようです。

米陸軍の訓練マニュアルには、いまや米軍戦車にとり最も恐ろしい外国兵器は対戦車ミサイルである、と明記されているそうです。ロシア製の「コルネットE」という、歩兵チームが担いで運べる対戦車ミサイルは、1994年にロシアからシリア（アサド政権の政府軍）に売られて以来、あちこちのゲリラ組織にも手渡されていて、中東でじっさいに「M1」戦車（ただし対外供与用に特殊装甲などを省いているもの）を撃破している例があるのです。「コルネットE」は射程が5㎞もあり、低空飛行しているヘリコプターに命中させることも十分に可能です。

散弾を飛ばすタイプの「積極防護システム」のマイナス面は、敵がRPGなどを雨あられと射って来た場合にはすぐに散弾切れになってしまって、おそらく乗員が外に出て再装填している余裕はないであろうことです。

そしてもうひとつ。もし戦車の近傍を味方の歩兵が随伴しているという状況ですと、散弾は、味方歩兵を傷つけるでしょう。

もしその戦車が、ごったがえす民衆の近くに所在していたところを敵のRPGで撃たれたとすると、やはり大問題が生ずるでしょう。

この散弾の代りに「コルネット」を撃墜してくれる「レーザー銃」が登場しない限り、ジレンマは解決しないでしょう。

げんざい米国では、低速なドローンを撃墜できるレベルまでなら、試作の車載レーザー銃が仕上がりつつあります。特に連射性を欲する場合、トランジスターのようなソリッドステート素子を用いたレーザー励起（外部からエネルギーを与え高エネルギー状態にすること）が有望であるようです。ただ、雨や霧や砂塵や煙があれば、効果はてきめんになくなる心配もあります。

また、ロシア軍が装備していると噂されている、対戦車弾頭のピエゾ圧電素子（物理的運動を瞬時に電力へ変換してくれる素子で、戦車の表面にヒットした瞬間に生じた電流により成形炸薬が遅滞無く轟爆する電気信管の核心パーツ。近年のディーゼルエンジンの燃料噴射タイミングを精密制御しているコモンレールは、同じピエゾ素子を逆様に用い、高速の電気パルス信号に応じてノズルを物理的に開閉させる仕組み）を空中で感応させて過早に発火させてしまう電波器材というのも、ひとつの可能性かもしれません。この電波式ジャマーの不利面は、味方同士の通信を妨害する可能性があることと、対戦車ミサイルの方で対策を講ずるのが比較的に簡単だというところでしょう。

「トロフィ」は１セットが30万ドルもするそうで、大量調達をするかどうかは、さしものアメリカ軍も決めかねているところでしょう。

ついでに17年12月の報道によりますれば、米陸軍はノルウェーのコングスベルグ社には「Ｍ１Ａ２」戦車用の姿勢の小ぶりな新型ＲＷＳを発注した由。３億３０００万ノルウェークローネは、2月初めの為替レートですと46億９０００万円強です。評価試験用なのか、正式採用が決まったのかは、まだわかりません。

ともあれ、いまや自重が70トンに達している米軍のＭ１戦車は、敵の戦車砲によって内部の乗員を殺されたことが過去に一度もないという驚異的な防護力を誇ってはいるのですけれども、真上から落下してくる最新の対戦車ミサイルや、数十キログラムもの爆薬が充塡された路肩地雷（IED）の爆圧を喰らえば、さすがに機能は停止させられると考えられています。さりとて装甲をもっと厚くして自重が70トンを超えて増えれば、もはやその重量に耐えてくれる橋梁はおいそれと探せなくなり、鉄道貨車やトレーラートラックで運ぶことも、至って難しくなるのは必定なのです。

米陸軍参謀総長のマーク・ミレイ大将が本音を洩らしたところでは、課題の理想的な解決として、現有の装甲よりも劇的に軽量でありながら防護力は増すような、カーボンナノチューブやそれに類した新装甲素材が発見されることを、強く期待している様子です。前節でみたロシア軍のERA（爆発反応装甲）選好（APS＝自動防衛システムなど信用しない）と、相通ずるものがありますね。

CROWSの登場

CROWSとは、米軍が車両搭載武器として採用している汎用リモコン銃塔（Common Remotely Operated Weapon Station）の頭文字を並べた名詞です。

数年前まではRWS（リモコン銃塔）というのがカテゴリー総称だったのですが、今ではCRO

ＷＳも定着しています。

１セットが19万ドルもするようなシステムを、歩兵運搬車用に数千個も調達できる軍隊は米軍以外にないでしょう。その米軍内で普及してイラクやアフガニスタンでの実際の交戦を重ねているモデルが、世界のベンチマークと考えられるのも、自然なことです。

そもそもこれが採用されたきっかけは、米軍のイラク進駐でした。２００３年にサダム・フセイン政権を追放し、そのまま占領軍になった米軍は、それから果てしなく長い、市街地での対ゲリラ遭遇戦に悩まされます。

特にパトロールに多用されていた「ＨＭＭＷＶ」(高機動多用途装輪車の略で「ハムヴィー」と読みます。湾岸戦争から世界によく知られるようになった現代版のジープといえるもので、サイズは中型トラックほど）は、非装甲であったことから、ゲリラのあらゆる火器で狙われました。

その対策としてイラク進駐部隊の「ＨＭＭＷＶ」には軽度の装甲が施されたほか、天井に12・7ミリ重機関銃座を設けることが一般化しました。乗員の１人が上半身を乗り出し、肉眼で照準し、旋回も俯仰も人力で操作しなければならない銃座です。この銃手が車両の天井から全周を見渡すことで、警戒力は増すでしょう。しかし、こちらから見張れる視野が広くなる代償として、敵の狙撃兵からも、この銃手がよい標的になったわけです。特に市街戦ではビルのあちこちの上層階から射撃されてしまいます。

120mmの主砲まで国産化されている「10式戦車」の射撃訓練。天蓋ハッチをオープンにしていても、車長はしきりにハッチの中を覗き込む。本来、ひとつ前の型の「90式戦車」でネットワーク中心のシステム化が完成していなければならなかったはずのところ、「90式戦車」の射撃訓練では車長はほとんどモニターなど見てはいない。

トルコ陸軍がドイツから輸入して運用中の「レオパルト2A4」戦車が、シリア戦線において敵歩兵の放つ対戦車ミサイルにより何両も撃破されているという2016年8月以来の報道は、ほぼ同格戦車たる我が「90式」にとって悪いニュースに違いない。増加装甲の何もついていない姿が、一層不安を掻き立てる。

もし天井銃手の防弾を確保しようとして、キューポラ型の全周装甲旋回銃塔をしつらえますと、重くなりすぎて「ＨＭＭＷＶ」のエンジンパワーや足回りと両立しません。

解決策が、無人銃塔でした。

さいしょは米国のリコンオプティカル社製の「レイヴン　Ｒ４００」というＲＷＳ（リモコン銃塔）製品を「ＨＭＭＷＶ」と「ＭＲＡＰ」（エムラップ＝耐地雷性に特化させた装甲トラック）の天井に取り付けたのでしたが、直後に、「われわれはもっと良いリモコン銃塔（Ｍ１５１プロテクター）を完成している」とノルウェーのコングスベルグ社が猛然と米国に売り込みをかけ、じっさいに性能も高かったので、それが小改良のうえ２００７年から「Ｍ１５３　ＣＲＯＷＳⅡ」として、「ＨＭＭＷＶ」のみならず８輪の「ストライカー」装甲車や「Ｍ１」戦車にまで搭載されるようになりました。

統計によると、２００３年から05年のイラクで４４００人もの戦車乗員が死傷しており、その三分の二は、ターレット天蓋（てんがい）ハッチから、首もしくは肩より上を出していたことが原因だったそうです。

コングスベルグ社はフィラデルフィア州内に米国本社をつくっています。だから連邦議会から「米国企業の仕事を奪わせるな」と排斥されることもありません。

「CROWSⅡ」の性能

米軍が使用中のCROWSシリーズの標準火器は、12・7ミリの重機関銃です。しかし、それより軽量な7・62ミリ機関銃や5・56ミリ機関銃、40ミリ自動擲弾銃も、もちろん取り付けられます。

操作は、「HMMWV」や各種装甲車の後席のどこに置くこともできるモニターを見ながら1人の兵隊が、ジョイスティックひとつで行います。360度旋回はもちろん、銃身の俯仰も電動モーター・サーボで制御されます。

弾薬はあらかじめ1000発以上を銃側のボックス内に入れておくことにより、銃塔と装甲車天板を縦貫する揚弾路（ようだんろ）開口部のような弱点（そして据付け（すえつけ）工事をとても面倒にするネック）は、生じません。

CROWSにはスタビライザーがついているので、走行中でも安定射撃が可能といわれていま す。が、12・7ミリの反動は強大なので、プラットフォームが軽快な車両ですと、あまり精度は期待できなくなるでしょう。

視察・照準用の光学レンズは30倍のズームになっており、夜間は赤外線画像をモニターに映示します。だいたい1500メートルまで敵歩兵を識別できるらしい。目標までの正確な距離は、人の目を障害しない波長のレーザー測遠機によって把握されます。

コングスベルグ社の最新製品の「ＣＲＯＷＳⅢ」は、実弾の他に、敵兵の目を幻惑させる作用のある特殊なレーザー光線も発射できることを謳っています（失明をもたらすレーザー兵器については１９９８年発効の「ＣＣＷ議定書Ⅳ」によって、使用および移譲は禁止されています。念のため）。

また「ＣＲＯＷＳⅢ」は、周辺監視カメラを銃口正面とは別に側面や背面にも増設したことで、オペレーターが銃塔を旋回させずとも全周を警戒できます。その他、夜間に友軍に対してのみ、遠くの敵の位置を示してやることのできる赤外線のレーザーポインターも使えます。

オプションとして、米軍が現用中の「ジャヴェリン」対戦車ミサイル（天井サーブのような軌道を描いて敵戦車を真上から攻撃します。誘導は前半がレーザー指示点ホーミング、後半が画像ロックオン）も発射できるようにした拡大型も提案されています。

ＡＩとＣＲＯＷＳの将来

ＣＲＯＷＳがただのリモコン銃塔であったなら、それは味方を傷付けるおそれの高い、すこぶる厄介なウェポン・システムとして、米軍でも採用をためらったかもしれません。

ところがコングスベルグ社の「ＣＲＯＷＳⅡ」にはレッキとしたＡＩが組み込まれているのです。

たとえば、動いている車両標的に対して、ＡＩが自動的に「見越し角」をとって正確な射弾を送り続けてくれます。現時点ではまだ時速40㎞以下の移動標的にしか対応ができぬようですが、ＡＩが発達すれば、対応できる的速も射距離も倍増していくでしょう。

おそらく将来はＣＲＯＷＳが、対空射撃、殊に、敵の爆装ドローン（それもスウォーム＝大群での運用）や迫撃砲弾やロケット弾、対戦車ミサイルに対する防御射撃を全自動で代行してくれる可能性が今から予見されるように思います。それらは人間の目視や手動によっていたなら絶対にこなし得ぬミッションでしょう。

既存のＣＲＯＷＳでもユーザーが「ノー・ファイア・ゾーン」（発砲禁止領野）を自由に設定できるようになっていますから、自動追随射撃中に自車や友軍を傷つけてしまう危険を局限することができます。

コングスベルグ社は、ＣＲＯＷＳが自動で戦場をスキャンして脅威を探し出すアルゴリズムも製品に組み込んでいます。どこをスキャンするかもユーザーが設定でき、また、環境が沙漠であるか岩山であるか市街地であるか等に応じて、注目すべきターゲットの優先順位のセットも変更できるようにしているのです。

およそ、工業用ロボットを製作できるメーカーならば、ＲＷＳ（リモコン銃塔）を手がけることなど雑作もなかったでしょう。事実、ＲＷＳの初歩的な製品は、昔から各社でいくつも試作されました。

ところがその中でコングスベルグ社のＣＲＯＷＳだけが浮上した。その理由を想像しますに、やはり他社よりも行き届いたＡＩを早くから用意できていたからなのだろうと思います。

現代のウェポン・システムに命を吹き込むＡＩ系のソフトウェアは、実際の使用環境で不便や困惑を味わった経験がある人々が開発に関わって、細かく註文を出して彫琢させないと、ユーザーを満足させるものにはならないのでしょう。

これはたとえば、日本の光学機器メーカーが、ごく一部の例外はあるものの、米国銃器市場の「照準器」のシェアをほとんど確保できていない理由と通底するのではないかと考えます。

わが国には、７・62ミリの猟用ライフル銃で３００メートルの距離で練習のできる民間射場すら、実質、１カ所しかないと聞いています。これでは「問題の所在」そのものが、照準器メーカーの開発者たちには摑み難いにちがいありません。

今日、猟用ライフル銃や軍用狙撃銃に取り付けるスコープ（照準眼鏡）には「バリスティック・カリキュレータ」（弾道計算機）が内蔵されています。照準はもう「機械（ＡＩ）任せ」にしようという趨勢があるわけです。

８００メートル以上もの距離で練習できる民間射場がいくらでもある米国その他の国ならば、「ここをもうすこし改善して欲しいのだが……」というユーザーの要望もただちに承知できますので、ソフトウェアは順当に改善されて行く道理でしょう。

ＣＲＯＷＳの場合、「天井ハッチから銃手が首を出していないと『音』による全方位の警戒ができないから困る」というユーザーの「文句」があるようです。きっとメーカーでは次の製品でこの点を改善してくるでしょう。

CROWSをドローンから吊るしたらそれは「殺人ロボット」か？

現用のＣＲＯＷＳは、照準を自動にすることはできても、発射のコマンドはオペレーターの指による許可がない限りは与えられぬように設計がされているはずです。

しかしその発射の判断までもアルゴリズムに委ねてしまうことは、ソフトのわずかな書き換えだけで可能でしょう。

光ファイバーの有線を通じて、数百メートルも離れた場所からＣＲＯＷＳを管制する――たとえば、ＣＲＯＷＳを地面に置いて、固定陣地の「立哨」としたり、トーチカ内の無人射手に仕立てる――といった運用でしたら、毀害射撃の判断には人間が介入できますので、「自動殺人ロボットだ」と非難されることは、理論的に回避できるでしょう。

２０１７年の報道によれば、すでに中共軍は南シナ海に違法に浚渫造成した人工島の砂浜に「ＵＷ４」というＲＷＳ（リモコン銃塔）を、車両と結合せずに単体で並べて、常駐隊員代わりに役立てているようです。「ロボット守備兵」が既に現実になっているのです。

中共の軍需メーカーは2011年からCROWSの最軽量タイプに注目し、これは気象環境が苛酷な各地辺境での警備用に役に立つと考えて、模倣を開始しました。12年には早くも、30ミリ自動砲から発射発煙筒まで選択できる「UW4」を商品化し、アフリカ諸国への売り込みをかけています。アフリカ諸国も、パトロールの必要な境界線が長い上に、国内外の数百、数千の全部族がそれぞれに反政府武装集団である、と言ってもいいような実情ですので、RWSの需要は大きいのです。

スプラトリー群島内の人工小島も、各種インフラの未整備や台風の常襲海域であること等を考えたら、有為の将兵が喜んで赴任して懈怠なく日夜恪勤し続けてくれるはずもないですから、ロボット哨兵が志願者不足を解消すると大いに期待されているのでしょう。

そして中共やアフリカ諸国のユーザーは、いざとなったらRWSの発砲判断をいちいち将校が与える必要も無い、と思っている可能性は大です。

ところで近い将来、殺傷力を有するドローンや小型陸上無人車両を、まがりなりにも技術力のある国家の軍隊を相手にスウォーム式に運用するとなったら、もはや有線でオペレーターと結合することは、あまり現実的ではなくなるでしょう。

それならば無線でつなぐのかというと、これもAI時代にはECM（電波妨害）も極度に巧妙化するはずですので、現実的ではないでしょう。戦場でのスウォーム運用には、各機が無線リンクの途絶した状態を最初から前提にして、強烈なECM環境中に自律的に判断しながら敵を求め、目標優先順位に従って敵を攻撃する——というアルゴリズムがきっと要請されるでしょう。

その段階になれば、ドローンは名実ともに「殺人ロボット」です。米軍の高官は、そのような未来兵器システムを公式には否定しますけれども、スウォーム化の趨勢と、ECM（無線サイバー攻撃）にもＡＩが加担するという未来を想像すれば、合理的な答えは「自律戦闘アルゴリズム」しかありますまい。

戦車は「散らす蜘蛛の子」か「鉄のバッタ」に？

多数のマルチコプターを空中で整斉と統御するスウォーム操縦ソフトは、すでに各国で長足の進歩が見られています（例によって日本は除く）。

戦車が「対戦車ミサイル」の増大する威力にどう対抗すればいいのかという悩みは、いずれは「無人化」「小型化」「スウォーム化」の方向で、合理的に解決されるでしょう。

まず「無人化」することができれば、乗員を厳重に防護する必要はなくなります。それは「軽量化」「小型化」を可能にします。

「小型化」は「低廉化(ていれんか)」を意味します。同じ予算で多数を揃えられるので、1台1台の防護力が弱くても「数で攻める」戦法を現実的にしてくれるでしょう。

大量調達と大量配備に伴う人件費増はありません。従来の戦車兵ひとりひとりがオペレーターや整備兵に変わるだけだからです。スウォーム運用のソフトウェアは、1台につき1人のオペレーターを要求しません。

いよいよ課題は「どこまで小型化するのか」に収斂(しゅうれん)するでしょう。

今日の戦車のミッションは「敵の主力戦車の撃破」ではありません。

相手はほとんどが都市部のゲリラでしょう。

都市部でなくば、ゲリラ狩りはドローンに任せることもできるはずです。しかし都市のビルディングや下水溝は、ドローンによる空中からの制圧を拒止(きょし)します。どうしても地上から、狭い空間内に突入または浸透して敵ゲリラを始末できるロボットが必要になるのです。

となると機動の方法は、履帯(りたい)駆動式ではないでしょう。蜘蛛(くも)や多足の昆虫、蛇やトカゲのスタイルでなくば、ガレキだらけのビル内部の障碍物(しょうがいぶつ)を乗り越えて敵ゲリラを捜索することができないはずです。

頭部に自動火器を内蔵してガレキの間を音もなく這(は)い寄って来る蛇形のロボットは、小火器でそのスウォームを撃退せんと待ち構えるゲリラにとって、厄介な標的になるでしょう。目が合っ

2016年の戦車射撃競技の1コマだが、90式戦車のゴム製泥除けの表面が朝陽を反射して白光りしているのが目立つ。真剣に擬装について考える軍隊が、こんな不都合を今まで放置するか？　敵の斥候やUAVから先に発見されることは、先にミサイル攻撃を受けることを、現代戦では意味する。

近世の欧州で大砲が普及すると、石積み城郭の雄美な高層楼は全く姿を消し、要塞守備兵は半地下へ潜って、濠と低い土手とで砲弾をやりすごすようになった。防備しなくてはならないヴァイタルパーツをそもそも敵眼に曝さぬことこそ、防弾の極意なのだ。敵眼から全姿を隠しようもない有人戦車は、間もなく稀少装備となるだろう。防弾不要の超小型無人戦車が、スウォームとなって戦場を覆いつくす日が来るのである。

た瞬間には、こっちも撃ち殺される確率が高いのですから。しかも胴体を銃撃して破壊しても、その頭部が機能し続けているうちは、致命的な脅威であり続けるわけです。

また、バッタやカマドウマのように「跳ねる」機動ができるマイクロ戦車隊ならば、割れた窓や砲弾孔などのわずかな隙間から浸透ができるでしょう。

そこまで戦車が小型化してしまえば、次に技術者が悩む問題は「航続力」です。これは海中の無人機（UUV）で触れたのと同じ「親子式」とすることでしか、解決されますまい。

子蜘蛛を背中にびっしりと乗せた母蜘蛛を、うっかりと踏みつけてしまった経験のある人はいませんか？　きっと「蜘蛛の子を散らすように」という表現の意味を理解しておられるでしょう。

この「親蜘蛛」に相当するような「小型戦車運搬ヴィークル」によって、多数の「マイクロ戦車」を一括的に最前線まで戦術輸送させ、そこから「子蜘蛛」を放つのが、現実的に考えられるスタイルでしょう。むろん、その運搬ヴィークルも無人運転とするのが合理的です。

戦車がマイクロ化すれば、歩兵の武器も進化する

「戦車」が極端に小型軽量化しますと、それはほとんど「無装甲」にも近づくでしょうから、敵のゲリラが手にしている自動小銃の弾丸が命中しただけでも破壊されてしまうようになるかもしれません。

しかし「マイクロ戦車」の方にも、自動で敵ゲリラを見定めて銃撃を加えたり爆発物を投射する機能が与えられます。ソフトウェアを工夫すれば、ガレキの蔭などにうまく車体を隠しながら敵兵と粘り強く交戦する、自律的な判断もできるようにもなるでしょう。

ゲリラ側もまた対抗的に「蜘蛛の子」戦車やドローンを繰り出さないとすれば、攻防の帰趨（きすう）は、ゲリラが手にしている小火器に「ＡＩ照準器」が付いているかいないかによって左右されることになるでしょう。

今、米陸軍は、複数のベンチャー会社に対して、歩兵の目や指の代りとなって発砲タイミング決定を代行してくれる光学式の小銃照準システムの開発を委託しているところです。

具体的にはたとえば、照準器が勝手に前方に存在する人間だけを見つけ出して、その動きを追い、暗視スコープ内に候補を呈示し、射手が対象をセレクトして、引き金をしっかりと引くことによって射撃意志をＡＩに伝えると、すぐには弾は飛び出さず、銃身の角度が必ず当たるという状態になった瞬間にＡＩの回路が薬莢（やっきょう）を無震動で電気発火させる（したがって引き金動作による銃身ブレは無い）といったシステムです。

人間の射手が両手で据銃（きょじゅう）したライフルの銃先（つつさき）は、いくら静止させようと努めても、じっさいには、意識した照準点を中心に微小な円を描くように揺れ続けているものです。これはオリンピックに出場するレベルのラージボア（大口径）ライフル射撃選手であっても同じで――さもなかったら全員が必ず満点になり、競技が成立しないですよね――彼らは、その揺れる銃先が標的を捕えそうな瞬間を見計らって撃鉄を静かに落としているのです。ＡＩ照準器は、このプロの妙技をアマチュア射手にも可能にしてやるでしょう。

一般に、２００ヤードで直径１インチの標的円内に弾痕を収束させられるレベルの狙撃の腕前（もしくは狙撃銃の精度）があったならば、２０００ヤード先で人の大きさの的に当てることができる、と考えられています。

距離３００メートル以上のライフル銃狙撃ともなれば、気圧や気温や薬莢の温度や風などの、弾道に影響を及ぼす諸条件値も織り込んでくれることはいうまでもありません。それが３㎞前後ともなれば、コリオリの力（地球の自転）を補正する必要すらあるでしょう（口径０・３８８インチの「ラプアマグナム」という弾薬ですとポテンシャル上、４㎞強の狙撃も可能だそうです）。

最初に敵兵の動きを遠くから探知する手段には、目には見えない特殊なレーザー（複数波長）が用いられます。もちろんそのレーザーで測距もします。このレーザーは、それが通過する空間の微粒子の流れも読み取ることができますので、平均風速と風向も把握し得るのです。

とりあえず、暗闇の、しかも３００メートル以上の距離がある銃戦でも、叢中に潜む敵ゲリラを的確に仕留められるようになる――というのが、ＡＩ照準器の到達しようとしている境域です。

システムの難点は、不断の電力供給が欠かせないことでしょう。今の技術ですと、単三電池が最低6本は必要。電圧が低下すればハイテク照準器はもう役に立ちませんから、兵士は常に予備の電池も持ち歩かねばならず、アフガニスタンのような山地のパトロールをするとなると、腰痛になるのも必至です。

こうした照準システムの最初の実用モデルを米軍がテストできるようになるのは2020年だそうです。けれどもその頃には「蜘蛛の子」戦車も実用化している可能性があるので、人間のターゲットだけではなく、小型のロボット兵器も的確に見極めて手際よく命中弾を送り込めるようなソフトウェアを開発しておかなければなりますまい。

暗視装置の最先端

アメリカ陸軍は2017年に歩兵用の最新の暗視装置を10万個も発注しました。それがどのくらい先進的な機能をもっているか、ちょっとご紹介しましょう。

兵士は、おのおの装着したゴーグルによって、視野角40度の正面の暗視映像を得ます。

暗視の方式には、夜にも存在している微弱な反射光を増幅して白昼のように見せてくれるモードと、物体じたいが輻射（ふくしゃ）している熱線（赤外線）のコントラストを強調して見せてくれるモノクロのモードとがあり、最近の敵の偽装網を見破りたければ、モードを逐次に切り換えて捜索・警戒しなくてはなりません。かつては画像処理プロセッサーのスピードを上げようとするとシステムが重くなりすぎて、この二つのモードを同時搭載することは非現実的でしたが、今はできるようになりました。

急に強い光を浴びても増光回路が焼き切れたりしないように工夫されていることは、いうまでもありません。

さて、このゴーグルの中央には、なんと、小火器に取り付けた暗視照準装置の、視野角18度の映像が、割り込むようにインポーズされます。自分の小銃や機関銃と、自分のゴーグルとが、有線を使わないデータリンクで常時、結ばれているわけです。

ですから、たとえば自分の両目は小隊長のハンドサインが見える方位にずっと向けたまま、自分の小銃だけを横に向け、ゆっくり水平に振れば、自分のゴーグルには、正面と側面の二つの画像が映示されるので、小隊長に注目し続けながら、周辺の警戒も同時にできてしまうのです。

そして射撃戦になったときには、ゴーグルに映示される照準線視野を頼りにすればいいのですから、もう、小銃を肩に据銃した姿勢をとって自分の上体を敵火・敵眼に曝すまでもありません。物蔭に伏せたままで、片手で自動小銃だけを持ち上げて引き金を引いても、照準がぐらついていなければ、ちゃんと当たるわけです。

やがては「自撮り棒」のような、自動小銃だけ安全に高く持ち上げることができ、自分の下腕は敵火に曝さずに済むようなアイディア小道具も工夫され、駐屯地のショップで兵隊相手に売られるでしょう。

米陸軍には広大な夜戦の実弾訓練場があるのですが、そこで安全管理のために訓練兵士ひとりひとりに付き添う役の教官たちが、ひとつ前のモデルの暗視ゴーグルを装着しているために、最新型の暗視ゴーグルを装着した訓練生からおいてきぼりにされてしまうという珍事も発生するようです。新型の方が夜目が遠くまで利くため、次にどこの窪地に移動すればよいのかの戦術判断が早いためだそうですが、これは笑い話ではないでしょう。

劣った暗視装備を少量しか有せぬ軍隊（すなわち我が陸上自衛隊）は、進んだ暗視装備をもつ敵軍に、赤子のようにあしらわれてしまうであろうことを意味しているのです。

戦車用APSのつきつける根本疑問

装甲防護力を充実させた結果、全重が40トンから70トンにまでなっている今日の主力戦車の上に、さらにかなり高額なハイテク武器であるAPSを増設して防護力を高めようとすることは、本末顛倒している進化努力ではないか——と、わたしには思われます。

仮に「いくら重装甲にしても戦車はいまやAPSなしでは対戦車ミサイルに対して脆弱だ」というのが真であるとしたならば、そしてAPSのシステム価格の劇的な低廉化が将来も期待できないとするならば、主力戦車の装甲をむしろ思い切って軽くするのが、米国以外においては、合理的なはずです。

なぜなら、そうしなければ、米軍以外のすべての国軍にとって、主力戦車は「取得費用も運用コストも高価すぎて、数を揃えられない」兵器になるに相違ないからです。げんにロシア陸軍はその現実に直面しています。彼らは最新型の「T－14」戦車の大量整備に踏み切れそうにありません。

ロシア軍の戦車部隊はどうなっているか

ソ連邦の崩壊でロシア陸軍は、いったんは沼地に沈んだようになりました。90年代に「T－95」という新型戦車を構想してみたものの、利用可能なエンジンが非力（なんと1930年代のディーゼルエンジンの系統そのまま）なために自重を47トンにしかできないという制約が立ちはだかって、頓挫。実現していれば「T－72」というマスプロ戦車の系列の最終進化バージョンになるはずでしたが……。

税収が少し好転してきた2010年にあらためて、「T－72」系統から脱却して一から設計をしたユニバーサルな戦闘車両のプラットフォームとなる「アルマタ」システムのコンセプトを固めたわけです。

抜本から戦車のデザインを改めて一挙に高性能化させ、そうでありながら取得費用を抑える

「答え」として、車体を共通にして兵装や内部レイアウトを変更することで火力支援車や兵員輸送車にもするという「アルマタ」構想が出てきたのでしょう。

「アルマタ」というのはしたがって戦車の名前なのではなく、「T－14」という新戦車を含めた大きな集合概念です。

有人の「アルマタ」の車体に、無人砲塔（125ミリ砲と、そこから発射できる各種弾薬32発もパッケージ）をとりつけた新戦車が「T－14」です。

無人砲塔にはさらに、30ミリ自動砲と、12・7ミリ重機関銃のRWSも載っている他、「アフガニット」という商品名のAPS（能動的防御システム）が付属しています。飛来する対戦車ロケット弾や対戦車ミサイルを感知して、まず電波やレーザーでそのホーミングを妨害し、それでもだめならば自動的に散弾を発射して空中で破壊しようというものです。

そこまで自動化するコンセプトであるにもかかわらず、乗員は1～2名には減らさず、敢えて3名としました。整備その他の人手はその3名でも足りませんから、戦車部隊内に別に支援部隊を組織して、メンテナンスさせねばなりません。

「T－14」の自重は55トンです。

2015年の単価は400万ドルだろうという見積もりもあります。が、先進的なセンサーとコンピュータを搭載したなら、とてもそれでは収まりますまい。今日では、車体を共通化したぐらいでは戦闘用車両装備の取得価格は安くならないのです。というのは、センサーとコンピュータと通信装置のコストが法外なものだからです。

ロシアだろうが中共だろうが、ハイテクの軍用電子器材を安価に軍に納入する「魔法」は知らないはず……。それこそ、ＡＩに頼んで革命的なコストダウン法を発見でもしてもらわない限りは、無理なのです。

おそらくそのためでしょう、２０１６年後半、ロシア国防相と担当メーカーは、「Ｔ－14」を大量生産には移行させず、限られた予算を、既製戦車（Ｔ－72型の系列）の改修にあてると言っていました。

ロシア国内には「Ｔ－72」系列の戦車のストックが合計2万両もあります。そのうち7割強は駐屯地の敷地にモスボール保管（再使用を見込んで防水加工などを施し安置すること）されているもので、すぐには出動もできないコンディションです。そこで、状態のよい二千数百両だけを選び、1両につき１００万ドルほど投じてアップグレード改修しようという案でしたが、資金の目処が つかず、立ち消えています。

２０１７年の9月時点で、ロシア軍は最新型の「Ｔ－14」戦車を、２０２０年までに、たったの１００両しか調達しないことをあきらかにしています。

いまや韓国よりも２０００億米ドル少ないと言われるほどのロシアのＧＤＰ規模……。先立つモノはカネですね。

ロシア軍が今すぐに西欧軍相手の最前線に投入できる戦車は５５０両しかないともいわれています。それも、センサーやコンピュータの弱点を、乗員の練度で補わねばならぬという、かなりの窮境（きゅうきょう）です。

進化の袋小路に来た有人戦車

米陸軍と海兵隊、および中東のいくつかの政府軍が装備している、自重70トンの「M１エイブラムズ」主力戦車は、味方戦車の主砲で背後から誤射されない限りは、野戦では完全破壊されないだろうという、漠然とした印象を人々は持っています。それほどに、その装甲防護力には定評がある。

事実、これまで何十年も戦場を往来しながら、敵軍の発射した戦車砲弾が命中して「M１」戦車の車内で戦死した乗員は、ただの１人も報告されてはいないのです。

それならば、この「M１」戦車（ただし砲塔の複合セラミック装甲内に劣化ウラン鈑はサンドイッチされていない輸出モデル）を米国から有償で供給されている今のイラク政府軍は、どうしてIS（イスラム国）のゲリラが立て籠（こ）もるイラクの都市をひとつ奪い返すのに、何年もかかってしまうのでしょうか？

軌道履帯式の74式戦車は不整地で40km／時くらい出すことはできるが、もし青森県から山口県まで自走でかけつけようとすれば途中で足回りが壊れてしまう。対して装輪式の16式機動戦闘車は、高速道路を時速100kmで自走して日本列島を縦断することもできる。こういうのを「戦略機動力がある」といい、限られた装備や人員を無駄なく活かして、敵の侵略立案者を未然に怯ませる要訣である。

旧式化した74式戦車をぜんぶ更新する予定の16式機動戦闘車。市街戦と、対UAV戦闘以外の大概の状況には対処できる。全重26トンなので、C-2輸送機で離島の小規模飛行場まで運ぶことも可能。わが国の水田面積が減り、舗装道路が増えたことが、この装備転換を促した。「戦術機動力」の前提が変化したのだ。

©I.M.

世界最強の「Ｍ１」戦車があるんだから、それでどんどん押し寄せたらいいじゃないか、と思われるでしょう。

じつは、どんな重戦車も、ビルの上の階の窓から、本格的なサイズの対戦車ミサイルや対戦車ロケット弾を真下に向けて撃ちかけられて、砲塔の天鈑や車体の上面を直接に打撃されますと、不死身ではいられないのです。

これの対策として、もし、戦車の正面や側面だけでなく、上面や天鈑にも分厚い頑丈な装甲を施そうとしますと、主力戦車の全重はもうとても70トンでは済まなくなり、90トンとか１００トンにもなってしまうでしょう。現在の戦車用エンジンの性能ですと、その重量と「戦略航続力」や「敏捷（びんしょう）な機動力」は同時に成り立たせることはできず、ただ短距離をノロノロと前進することができるだけになってしまいます。

それでも都市を奪回できるのならばよいのですが、戦車にはもうひとつ、「履帯／無限軌道」という大弱点があります。ロケット弾で履帯を狙われたり、何十kgもの即製地雷が至近距離で轟爆すれば、１００トン戦車だろうと戦車の足回りは損壊し、身動きがとれなくなってしまうでしょう。

乗員だけ車外へ脱（のが）れて後退したくとも、敵ゲリラに四方八方から小火器で射撃される市街戦の状況下では、ハッチから出るに出られません。敵ゲリラは、そこへさらなる即製爆薬を、戦車のエンジンルームや底鈑（やはり装甲は薄い）に仕掛けるでしょう。「M１」戦車のエンジンのルーバー（羽板）部分は、25ミリ機関砲弾でも貫徹されてしまいます。乗員４名の運命は、きわまるでしょう。

ロシア軍などは、「米軍のM１戦車にロシア製兵器は歯が立たぬ」と言われては沽券にかかわりますので、その意地にかけて「コルネットE」という名の強力な歩兵用の対戦車ミサイルを１９９４年に完成させ、世界じゅうに輸出しています。

「コルネットE」なら米軍装備の「M１」戦車を擱坐させられることは、２００３年のイラクで、サダム・フセイン体制下のイラク軍によって４回、証明されました。

レーザー誘導式で射程が５㎞もあるので、市街戦ではない沙漠の野戦で、「M１」戦車の車長がいくら見張っていても気付けないくらいの遠くからでも交戦ができます。発射機は19kg、飛翔体は８・２kgもある重厚なシステムゆえ、ISのようなゲリラが気軽に運用することは難しいのですけれども、イランがコピー品を量産中ですから、闇ルートを通じていずれはヒズボラのような非政府系武装団体にも行き渡るでしょう。

米陸軍が頭を悩ませているのも、そこです。

人口経済学の専門家は、西暦２０３０年には、世界各地の都市人口が今の３倍になっているはずだと予測しています。特に人口増が顕著なアフリカ大陸で「マンモス都市」がいくつも生まれるでしょう。しかしＡＩの発達によって、都市部にはもうほとんど就職先などはありません。

郊外の耕作地は、市街地化と旱魃とゲリラの襲撃があるために、どんどん面積が縮小します。そのためマンモス都市がそのまま、失業者、犯罪者、飢餓線上の貧民や難民をおびただしく抱えたマンモス無法都市になり、ＩＳのような未来のイスラムテロ勢力がそこを根城に増殖しやすい環境ができあがってしまうと見積もられているのです。

こんなところに有人戦車で突っ込んでいく作戦が、成功するでしょうか？

見通しは暗いでしょう。

戦車の来歴

戦車（バトル・タンク）は第一次世界大戦のなかば、塹壕と機関銃と火砲の発達のためすっかり膠着してしまった西部戦線を、ふたたび「流動化」させるべく、最初に英国陸軍が発明して戦場に持ち込んだ、内燃機関時代の革新的陸上兵器です。

１９１６年の実戦デビューと同時に、戦車は敵陣営にも味方陣営にも鮮烈な印象を与えます。その将来性はただちに確信されます。いやしくも工業基盤がある国家ならば、こぞってこの戦車を研究しなければ……と思わせました。

なんと、その時から今日まで、とぎれることがない近代戦車の性能強化競争が、主要先進国の間では続いているのです。

それでは、第一次大戦の欧州戦線に陸軍の兵隊を投入したわけではなかったわが国は、この新兵器をどう見ていたのでしょうか？

第一次大戦末期の1918年7月に、日本は同盟国の英国から大型戦車のサンプルを輸入します。これを皮切りに実物研究を開始し、早くも1920年には、シベリア干渉作戦に派遣した陸軍部隊のため、2両の英国製の中型戦車（フロントエンジンで、非旋回式の砲塔の四方に機関銃用の銃眼があった）をウラジオストックまで送り込むようになりました（このとき、英国製の装輪式装甲車も少数投入）。

欧米先進諸国とは違って、当時の日本国内には、乗用車／トラック／バスの国産品などまだ皆無という時代です。なにしろ、陸軍が初めて自主設計の軍用トラック（荷台に75ミリの高射砲を搭載した「自走砲」で、4輪駆動。全重7・5トン。型番などの名称は伝わっていない）をたった1台、試作してみたのですら1923年（大正12年）なのです。

そんな「内燃機関後進国」だった日本の陸軍が、列強のブームに遅れずに戦車に取り組もうとしました。

どうしてでしょうか？

じつは、日本の工業基盤が欧米大国よりも非力で、戦時の兵器量産競争では負けてしまう――

という自覚があったがゆえに、敢えて「戦車」が求められたのです。

特に問題になったのが「弾薬」でした。

大正時代から昭和初期にかけてのわが国の重工業の規模では、第一次大戦で列強の陸軍が戦線に持ち出して発射したほどの厖大（ぼうだい）な野戦砲弾の数量を、国内製造によってはとうてい用意することが不可能でした。さりとてそれを輸入で賄（まかな）おうとすれば国家が対外債務で首がまわらなくなって面白くない――と日本陸軍のエリート参謀たちは思ったのです。

しかし戦車があれば、近代陸軍は砲弾をあまり消費しないで、戦争を早く終わらせることもできるはずだ、と期待されました。

もっと詳しく説明しましょう。

幕末から明治時代にかけてわが国が最も恐れた外国は、ロシア帝国です。

ロシアに朝鮮半島を支配させないためには、満州で日本陸軍がロシア陸軍と対抗するほかにないと考えられていました。

ところで、戦艦の主砲１門につきせいぜい数十発を発射すれば大海戦も決着してしまう海軍の世界とは違い、陸軍の戦争は、とにかく昔から、砲弾を大量に消費するものでした。

日露戦争時点でも、１門が１日に３００発近くも発射することがありました。しかも、その１日で陸戦が終わることはまずありません。

日露戦争の最後の本格的な陸戦になった「奉天会戦」（1905年2月27日～3月10日）では、日本軍は40万発以上の大砲の弾薬を事前に戦地に蓄積して臨み、口径75ミリの大砲（当時の日本の野戦砲の主軸）だけでも27万9340発を射耗。もっと口径が大きい重砲弾も含めれば34万発前後も、この一会戦で撃ち尽くしています。ロシア軍も、合計54万発もの各種砲弾を発射しました。

奉天での会戦に必要だとあらかじめ見積もられた砲弾40万発を、日本は国内の工場だけではとうてい量産することができず、そのうちすくなくとも20万発以上は、英国とドイツのメーカーに前年11月に発注して緊急輸入して間に合わせたものでした（そもそもドイツはロシア皇帝に極東での対日戦争をけしかけた張本人ですが、ロシアが弱ることでフランスがおとなしくなる未来をも期待していましたので、よろこんで弾薬や大砲の注文を日本からも受けています）。

日本政府は、この日露戦争の終結後から第一次大戦の勃発（1914年）までの間に、自国内で大量の砲弾を製造できるような重工業基盤を整備することに、失敗します。ドイツのクルップ社のような民間の工業集団が必要だったのに、そうした軍需工業系の民間資本の伸張を助成できなかったのです。

国内の工業製品市場を育成し、国内産業構造を工業化させる方法についての智恵は、誰からも出てこなかったようです。人材が貧しかった。

1年間の予算を1年以上前の国会でほぼ決められてしまう官営の「工廠／造兵廠」には、機動的な、あるいは急速大規模な設備投資など、できるわけもないことで、とうてい戦時需要は充たせません。

かくするうちに欧州の戦地から届けられた現代戦争における砲弾消費量の数値の報告に、陸軍のエリート参謀たちは眩暈すら覚えたのです。

１９１５年のシャンパーニュ会戦では、フランス軍の75ミリ野砲は、１門が１日に２３６０発を発射しました。

１９１６年のヴェルダン会戦では、ドイツ軍砲兵が最初の８時間で２００万発の砲弾を撃ち込みました。

同じく１９１６年のソンム会戦では、フランス軍砲兵は３４００万発を射耗しました。

ひとつの大会戦は2カ月以上も続くことがあり、しかも少しも戦争を決着させることはなく、膠着した西部戦線のどこかですぐにまた別な大会戦が始まるという繰り返し。これが4年間も続いたのです。砲弾の費用だけで、当時の日本陸軍を数回破産させるに足りるくらいの額でした。

日露戦争の全期間に日本陸軍は１０４万発の砲弾を射耗したのでしたが、第一次世界大戦では、英国軍が3億発、フランス軍が3億４０００万発、ドイツ軍が5億８０００万発を撃ちまくったといいます。ケタが二つ違ってきたわけです。

この世界の現実を見せ付けられ、日本国内の産業改革のための政府投資が火急に必要であった

日露戦争からノモンハン事件、対英米戦争まで、旧日本陸軍の砲兵が血涙とともに後世に伝えた戦訓は、敵より射程の短い大砲ではどうにもならぬ戦場の現実だった。陸自の155mm榴弾砲は、命中精度を重視すれば射程24km弱、命中精度無視なら30km先まで撃てるが、かたや227mmロケット弾は70km以上先のGPS座標に自律誘導され誤差10m以内で着弾する。米軍データだと155mm砲弾は距離10kmで誤差が30mだ。運用に必要な人員の確保難を考えても、もはや榴弾砲にこだわる合理性は日本には無いであろう。

ときに、わが国の指導部は、至って前時代的な発想からシベリアへ出兵。大蔵省データによると、15億5371万円もの巨費をドブに捨ててしまいました（日露戦争戦費は18億2629万円だった）。

それだけのカネがあれば、全国の零細な町工場に「精密ゲージ」を普及させたり、下北半島に新運河を開削して陸奥湾と東北地方を工業基地化できたかもしれなかったのです（さすれば満州事変も2・26事件も無かったでしょう）。

帝政ロシア政府への大量の兵器弾薬の「掛け売り」や、シナ軍閥への気前のよすぎる「西原借款」（西原亀三は寺内総理大臣の個人秘書で金融はド素人。段祺瑞へ供与した総額は約1億4500万円とされる）も、ことごとく不良債権（すなわち紙屑）化させてしまった日本政府に、国内の砲弾量産力の飛躍的な増強政策など、望むべくもありませんでした。

陸軍内部では、苦肉の策が模索されます。そのひとつが「機甲部隊」でした。戦車の機動力によって戦場を「砲弾消耗戦」から「運動戦」に変えてやれば、大量の砲弾は要らないだろうと期待されたわけです。

しかし戦車を大量生産するためにも、前提になるのは国内の工業基盤です。かくして日本陸軍は、砲弾量にも戦車にも頼ることができなくなり、「歩兵の白兵夜襲主義」に最後の「答え」を求めたのです。

陸戦におけるシンギュラリティまでの道程を予想する

ロシア軍の次世代の戦車だと報道されている「アルマタT-14」は、砲塔内には人を配置しないレイアウトになっているのだそうです。

T-14の内部についてはまだ何も公表されていませんので、外国人は勝手に想像するしかないのですけれども、そこまで思い切った発想に踏み切った野心作であるのならば、おそらく、車体内には弾薬は1発も収納していないのでしょう。

戦車の乗員の死傷原因にはいろいろあります。が、なんといっても砲塔上ハッチから上半身を乗り出して周囲を肉眼で視察している「車長」の被弾がとても多い。

そして戦車の乗員が全滅してしまうという、より悲惨な結果は、車内の弾薬の誘爆によってもたらされると、相場は決まっているのです。

T－14は、この危険を二つながら排除したのではないでしょうか。

車体と砲塔の間には、中心軸を通る電気ケーブル用の細い管以外の「縦貫通路」を一切設けず、それによって、砲塔後部弾薬庫の被弾誘爆が車体内の乗員を傷つける危険を物理的に排除しているのではないか――とわたしは思います。

NATO軍の強力な対戦車ミサイルを斜め上空から被弾することをロシア軍なら覚悟しています。しかしそのさいもし砲塔後部のマガジン（弾薬庫）が誘爆を起こしてしまっても、車体との縦貫通路が存在しなければ、爆発の毀害力は分厚い車体天板によって遮断されますので、車体内の乗員は安全でしょう。ただ砲塔部分が吹き飛ぶだけに終わるのです。

未来の戦場では、対戦車ミサイルは戦車の横からではなく上から降って来るケースが増えるはずです。乗員が座っている部分（致命的パート）だけを厳重に防護しようとするにしても、弾頭重量が数kgある本格的対戦車ミサイルのメタルジェット（爆轟による液体金属の超高速噴流）の侵徹を阻止しようとするなら、車体上面の天板（とうぜん複合装甲が要求されるでしょう）は厚さを数十センチにしなくてはなりません。しかし、乗員の頭上に砲塔の大きなマスが載っかるのならば、そのマスがメタルジェットの「減衰距離」を稼いでくれますので、戦車の全重を野放図に増やすことなく、乗員の生残性を確保できるのではないでしょうか。

戦車コンセプトにこれまで数々の実験的精神を注入してきたロシア人設計チームならば、そこまでも考えているだろうとわたしは想像します。

ＡＩが「無人戦車」を実現するまでの第一のステップとして、「無人砲塔＋有人車体」の戦車の時代が暫時、挟まるはずです。

車長はもはや、砲塔天井ハッチから肉眼で戦場を見渡すことはできません。ビデオセンサーが、ＡＩによる情報処理を経て、車体内の車長やドライバーのゴーグルに、車外の現況を映示するようになるでしょう。

すでにイスラエル軍は、「Ｆ－35」戦闘機の機外状況映示システムを見本にして、同様のシステムを戦車に応用しようと、開発作業を推進しています。

戦車を「F-35」化するイスラエルの試み

同胞である味方将兵の人命保護（および遺骸確保）については伝統的に高い優先順位を与えてきているイスラエル陸軍は、国産の最新型主力戦車「メルカヴァ４」の車長の死傷率を減らすべく、先行して「Ｆ－35」戦闘機用に研究開発が進んでいるＶＲ（ヴァーチャルリアリティ）ヘルメットを、車長に被らせてはどうかと考えているところです。

本書執筆中の２０１７年時点の技術では、まだまだ列強の主力戦車の外界情報取得システムは、車長の両眼・両耳・鼻・皮膚から得られる体感に敵いません。

センサーや味方同士のデジタル通信表示装置をいかに強化しても、あいかわらず、その戦車の車長が直接に砲塔天井のハッチから上半身を乗り出して全周を肉眼で視察していた方が、状況を瞬時的確に把握できてしまうのです。

このため車長はよく敵兵から狙われます。なにしろ頭部や上半身を戦車装甲の外で敵火に曝しているわけです。被弾・被爆すれば、重傷は免れ難い。

そこでイスラエルのメーカーは、戦車車体の全周に「F－35」式に複数の高性能ビデオカメラを点々と配し、その映像データを車載コンピュータにてリアルタイムに統合し、車長のヴァイザー内に映し出すようにしました。車長が頭をめぐらせば、あたかも戦車の装甲鈑が透明になったかのように、周辺の風景を見わたせるのです。もちろん、夜間も昼間のように……。

ただ、ここでもコンピュータの「処理速度」の問題がネックになっています。ヴァイザーへの映示は現実より常に一瞬遅れるため、そのディスプレイを見ているうちに「車酔い」に罹ってしまうのです。

乗員を車体のどこに配置するか

戦闘機と違って戦車は、数時間後には必ず基地に戻って、頼もしい数十人の味方整備班に兵器の点検や修理を委ねる……といった実戦の運用パターンを期待することができません。

見知らぬ土地で何日間も移動・戦闘・警備を続けつつ、戦車をねぐらにして仮眠したり野営したりを重ねることになりがちです。

燃料や弾薬の積み込み、各部のメンテナンスも、「生活」のための雑な業務も、すべて最前線近くで、乗員たち自身の手によってなされなくてはならないわけです。誰かが戦車の車内で無線による打ち合わせをしている間は、別な誰かは歩哨（ほしょう）として車外で警戒に任ずるといった分担も必要になります。

このため、「単座」でも何の問題もない有人戦闘機とは違い、有人戦車は「1人乗り」では現実には作戦させることはできないでしょう。

したがいまして、おそらく、3人乗りもしくは2人乗りの「無人砲塔＋有人車体」の戦車の時代が、何年かあるだろうと思います。

そしてその次のステップではもういきなり、乗員を1名も収容しない無人戦車の時代が到来するでしょう。戦車に関してはその時点が「シンギュラリティ」だと思います。

現時点で考えられる「無人砲塔＋有人車体」の戦車の乗員を、車体のどこにどのように配置するのかは、悩ましい問題です。

乗員の身体の防護を重視するならば、3人（車長・砲手・ドライバー）とも車体の中央に集めるのが合理的です。３人をまとめて隔壁（かくへき）で囲むようにすれば、装甲材の面積を最小にし、それだけ同重量で分厚くもできるからです。

もっかのＡＩの水準では、ドライバーがビデオのようなセンサーだけに頼って戦車を操縦することは、思わぬ事故のリスクに結びつき、受け入れ難いかもしれません。しかし今から数年もすると、ＡＩの判断が人間の反応速度よりも短い時間で自律的に事故を回避できるほどになって、戦車のドライバーは必ずしも車体の前方に位置しなくとも、ＡＩにアシストされて無難に操縦することができるようになりそうです。

戦車は敵の近くでは、地面がいちばん低いところだけを縫うように動くのが合理的です（戦車ドライバーの必習のスキルのひとつ）。高度なセンサーとＡＩを結合させれば、最も敵眼から遮蔽（しゃへい）されて有利になる走行経路を、ＡＩがアドバイスしてくれるようにもなるはずです。

ＡＩが戦車の戦闘システムに広範に関与するようになるに従い、おそらく3名の乗員は、その役割をお互い瞬時に切り換えることもできるようになるでしょう。すなわち、座席を移ることなく、スイッチひとつで、車長が操縦もできれば、ドライバーが砲手にもなれる。

だったら2名でもいいではないか、と思われるかもしれません。が、戦車の乗員には「雑用」がいっぱいあります。ＡＩがよほど進歩してくれるまでは、どうしても3人未満ですと、諸事、差し障（さわ）りが生ずることでしょう。

最終形態の一歩手前は「リモコン無人戦車」

ビデオ画像のデジタル信号の中からＡＩが「これは活動中の敵戦車だ」「これはさっき撃破した敵戦車だ」「これは対戦車火器を持った敵歩兵だ」等と瞬時に判定してくれるようになれば、戦車の完全リモコン運用も現実的になってくるでしょう。

ただし初期には、「それは本当に敵の戦車なのか？　もしや友軍が鹵獲して走らせている敵戦車ではないか？」「それは擱坐を装った、まだ生きている敵戦車ではないか？」「それは荷物を抱えて逃げている一般市民ではないのか？」といった微妙な確認が必要な場合がしばしば、生ずることでしょう。

交戦する相手が敵の正規の軍隊ではなくて、わが国の普通の市民に化けた特殊工作部隊であったなら、敵味方識別をＡＩ任せにしておくわけにもいかないだろうと思われます。

そうした場合、最前線よりも後方に陣取っているオペレーターが無線でセンサー画像を確認しつつ、「これは砲撃して破壊せよ」「これには威嚇の銃撃をしてみよ」等の指示を各戦車のＡＩに対して与えなくてはなりますまい。

しかし、実戦場における画像の見え具合と、人間のオペレーターがそれをどう判定したのかというデータが蓄積されるにしたがって、ラーニング機能のあるＡＩは、ついには、人間によるチエックを必要としなくなる段階に到達するでしょう。

おそらくそれが、戦車に関する「シンギュラリティ」なのです。

目か手か

戦車は早晩、無人化／リモコン化されます。

人を安全に運ぶのが目的である装甲車（兵員輸送車）とは違い、戦車の存在目的は「人を運ぶこと」じゃないですよね。

「遠隔操縦システムにしよう」という要請はもう第一次大戦中からありました。言ってみるなら、「ロボット化」は「戦車のイデア（理念）」の必然の形態であり帰結なのです。

おそらく、ＡＩ（人工知能）を搭載した完全無人戦車が実戦投入されるまでには、リモコン戦車の時代も挟まるでしょうし、その前にも、何段階かの過渡期の姿が目撃されることでしょう。

これは戦車だけにかぎりませんが、殺傷性の兵器システムを、ＡＩによって完全自律戦闘させることについては、戦争主体である人間が、しばらくは、政治的な判断から抵抗をするはずです。

しかし「人間」の定義そのものまでが今とは違ってしまっているような「シンギュラリティのその先」の未来になれば、反対する人がいるかどうかも、わかりません。今のところわたしにはそこまでの想像はできかねます。

今からごく近い未来の過渡期の戦車には、生身の人間である「コマンダー」（車長）1名、もしくは、コマンダーと「ドライバー」（操縦手）の最低2名が乗り込んでいることが必要です。ある目標を砲撃するのかしないのか、どの目標をどの順番で攻撃するのか、暴露して前進するのか後退して隠れるのか、そうした決心を適時・適宜に下す「人間の責任主体」が、兵器のすぐそばについていないと困ることがあるからです。

米軍の攻撃殺傷型無人航空機である「プレデター／グレイイーグル」や「リーパー」の運用実態から類推しますと、「生身の機長」がそこに搭乗していなくとも、どこで誰が命令し、リモコンして攻撃を実行させているのかさえはっきりしているのならば、作戦面でも政治面でも困った大問題は生じていないようです。

これは、米軍が中東やアフリカに投入している長時間滞空型の無人機の多くが、敵ゲリラからの「反撃」（地対空火器等で射撃されること）を想定しない運用をしていることに助けられています。高度5000メートルくらいになりますと、ゆっくり同じところで旋回を続けていても、地上から発射された弾丸はまず1発も当たらないのです。

しかし戦車は、偵察用航空機のように、基地から出撃して10時間経過したらまた基地に戻る、といった運用はされません。ある時刻までに必ず某地点へ到達してそこで続命を待つように言われたり、敵地の中を何日間も行軍し続けたり、危険地帯で偵察や監視やパトロールを延々と続ける任務を命令されることが多いでしょう。

そこではかならず、「深夜に前方から猛スピードで走って近づいてくる正体不明の民間型トラックを、敵ゲリラの自爆攻撃だと疑い、戦車砲で早めに阻止破壊するべきか」といった難問に、部隊長や車長は直面するはずです。

逡巡（しゅんじゅん）してぐずぐずと悩んでいたら、自爆テロによって友軍にとりかえしのつかない損害が生ずるかもしれません。さりとて、もしそのトラックが自爆兵器ではなく患者輸送車であったりしたなら、「誤射」は必ずや政治問題化し、射撃命令を下した部隊長または車長に軍法会議が有罪判決を下すかもしれません。

人間である「車長」（コマンダー）や「操縦手」（ドライバー）が同乗するのだけれども、実際の交戦はＡＩ（人工知能）が実行する、半分ロボットである戦車システムが、無人戦車実現前の過渡期スタイルとして登場するでしょう。

ＡＩは「決心」の選択肢を示し（進むか退くか、撃つのか、何もしないのか等）、同乗者は適宜の「決心」をＡＩに指示する戦闘分業システムです。

情報処理マシーンとしての人間の限界

戦闘機パイロットがヘルメットのヴァイザー上に投影された情報を読めるようにしようという

試みは1950年代からありました。

1970年代に南アフリカの企業が最先端の試作品を完成し、それにソ連、イスラエル、米国のメーカーが続行します。けっきょく米空軍と海軍の戦闘機パイロットには2002年頃から、ヘルメット内のディスプレイだけ見ていれば敵機との空中戦ができて、特に近距離空対空ミサイルをロックオンする対象はパイロットが視線を向けるだけで選定できるという高度なシステムが用意されるようになるのです。

しかしこうしたインターフェイスが発達すると、人間の方でついていけなくなるかもしれません。

たとえば、馬の目は、ほぼ180度後方まで、前方と同時に見ることができます。野生状態ではいつも全周を警戒している必要があるためですが、その機能のマイナス作用として、馬は決して、前方のタスクだけには集中ができません。

そこで御者（ぎょしゃ）が「目隠し板」を装着し、横90度や後方180度の画像情報が馬の脳に入らないようにしてやると、馬は初めて、ものすごく集中してくれるのです。

人間もこれと同じではないでしょうか。無線電話やヴァーチャル・ヴィジョンが常時、目や耳とつながっていたら、肝腎の集中すべきことに集中ができないのではないかと、わたしは疑っています。

主力戦車を削減し続けているドイツ連邦軍

日本の38トンの「74式戦車」は、軽油1リッターで路上を300メートル走ることができました。ところが1979年に登場した西ドイツ陸軍の「レオパルト2」型戦車は、強力無比な120ミリ砲に加えて新世代装甲を採用し、自重が55トンもあったのに、軽油1リッターで460メートルも走ったものです。エンジンを比べると「レオパルト2」は1500馬力あり、「74式」の720馬力の2倍以上。「脱帽」とはまさにこれだったでしょう（今は「レオ2」も70トン近くになっていますのでこの燃費はあてはまりません）。

説明する必要はないかと思いますが、わが陸上自衛隊の「90式戦車」のコンセプトは基本的に、この凄すぎる「レオパルト2」初期型を模倣しようと努めたものです。ドイツには20年以上も遅れましたけれども、三菱重工は戦車用の1500馬力の液冷4サイクル・ディーゼルを仕上げました（主砲は日本製鋼所がラインメタル社から製造権を購入）。かたや米陸軍は、燃費にことさらこだわる必要がない重厚な補給体制を享受できる立場を活かすべく、「M1」戦車の心臓として開発至難なディーゼル路線を捨て、ヘリコプター用のガスタービン・エンジンを転用することで1500馬力を実現します（燃費は灯油1リッター当たり260メートル）。

ソ連は80年代にこうした高性能戦車用エンジンの開発競争から脱落しました。その結果、ロシ

99式自走155mm榴弾砲は弾薬抜きでも全重が40トンもあってC-2輸送機でも運ぶことはできない。しかも最大射程が30kmでは、どこに置いたとしても尖閣有事の役には立たぬ。これに比してHIMARSは弾薬込みの発射車両をC-130で空輸できる。北海道からだろうが先島群島まで空輸し得、輸送艦船の甲板からGMLRSを発射すれば尖閣の70km以上手前からでも精確に陣地を破壊できる。装備も人員も「遊兵」化しないのだ。

アの戦車戦力そのものがいまだに色褪(いろあ)せたままです。ロシアは対外ネット世論工作活動や「グレーゾーン」侵略、そして核戦力に注力するしかなくなってしまいました。

ドイツは1990年代前半に2125両の「レオパルト2」を揃えたのでしたが、東欧およびソビエト連邦の崩壊によって、これを維持する意味はなくなりました（製造総数は輸出分も含めて累積3500両くらい）。

定数そのものが見直され、さらにアップグレード工事費（1台10万ドル必要とされる第三世代夜間戦闘指揮システムを初め、リモコン銃塔、後方や側方の視察カメラ、駐車状態でも電源を維持するための

20キロワット発動発電機等の付加。これらがあってようやく米陸軍のＭ１戦車と同様に中東の対ゲリラ戦に臨めるようになる）や、スペアパーツ費も削減され、２０１７年の某時点でドイツ陸軍が戦場へ持ち出せるのは、たったの95両だけだと報道されています。

整備不完全のまま保有されている車両も含めますとドイツには２４４両の現役の「レオパルト２」があります。他に〈部品取り〉用としてスクラップ化はしないで保管をしている定数外の「レオパルト２」が数百両あるそうです。

トルコ、チリ、ギリシャ、シンガポール、スペイン、スイス、ポーランド、カナダ、デンマーク、オーストリー、ノルウェー、スウェーデン、ポルトガル、フィンランド、オランダ、スイスに輸出（または中古転売）されて使われ続けている「レオパルト２」の方が、本国の一線装備数よりも多くなっているのです（日本の「74式」が目標にした旧世代の「レオパルト１」も６５００両近く製造されたものですが、とっくにすべて転売、もしくはスクラップ化されています）。

英国の「チャレンジャー2」戦車

英国陸軍の装備する主力戦車「チャレンジャー２」は１９９８年にデビューしました。

主砲は55口径長の「Ｌ30Ａ１」。砲腔（ほうこう）内にライフリングが切ってあるため、徹甲弾の初速も、多目的弾の装甲貫徹力も、滑腔（かっこう）砲（ライフリングがないラインメタル社系の西側主流戦車砲）には劣ってしまうのですけれども、なぜか英国陸軍はこれにこだわります。

装甲はコンポジットパッケージで「ドチェスター・アーマー」と称し、さらにその表皮にERA（爆発反応装甲）まで張り付けてあります。

この防御装甲が重すぎて、今では全重が75トンもあるのに、エンジンは1200馬力にとどまっているものですから、機動力は最高で37㎞／時しか出せません。第二次大戦レベルです。

ですが、現代の市街戦では戦車は全周装甲防護力こそが最重要関心事です。

2003年のイラクのバスラ市攻めでは1両の「チャレンジャー2」が70発もRPGを喰らいながら、乗員はカスリ傷ひとつ負っていません。もしこれが陸自の戦車だったらどうでしょう？　五回ぐらいは昇天しているのではないでしょうか。

べつな1両の「チャレンジャー2」は、17発のRPGと1発の軽量対戦車ミサイル「ミラン」を受けて損傷したものの、修理をして翌日には前線へ復帰しています。

しかし2007年に公表されたところによりますれば、その数年前、1両の「チャレンジャー2」がイラクで砂丘の稜線に登った瞬間を敵ゲリラから径105ミリの「RPG29」で下から撃たれ、底面装甲が貫徹され、操縦手が脚部に裂傷を負ったそうです。

その後、「チャレンジャー2」の車体前方下部も、ERAから「ドチェスター装甲」に交換強化されました。

これまでに戦場で完全撃破された「チャレンジャー2」は1両しかなく、それは味方の「チャレンジャー2」から主砲で誤射されたものだそうです。

英国国防省は、本国部隊およびドイツ駐留部隊を合わせて227両しかない自軍のこの戦車のために、火器管制コンピュータの刷新予算（約9億ドル）だけはつける方針ですが、APS（飛来ミサイルを着弾前に空中撃破する防禦兵器）は無駄だと考えています。なるほど、70発のRPGを掃（はら）い落とすだけのAPSの弾薬予備は、搭載できかねるでしょう。

戦車の砲口に確実に突入する「低速で高機動」な対戦車ミサイル

戦車には、装甲によってはガードしようのない弱点が複数存在します。

ひとつが主砲の砲口です。正面からここに小銃弾が飛び込みますと、主砲弾薬が装塡されていない状態であったならば、砲尾の閉鎖器が開放されているため、銃弾が戦車の砲塔内にストレートに飛び込んで、戦闘室内で跳ね回ります。もし主砲弾薬が装塡済みの状態であれば、砲尾は閉じているので、砲弾の弾頭部のどこかに銃弾がめり込み、その砲弾が正常に飛翔しなくなったり、悪くすれば発砲の瞬間に砲身の破損（ただし砲身内で爆発する「腔発（こうはつ）」になるとは限らない）を惹（ひ）き起こす可能性もあります。

雀サイズの小型UAVに、戦車の砲口を画像信号から識別するAIが組み込まれれば、その小型ＵＡＶのスウォームが、低速で自律的に敵戦車の砲口に飛び込んで、次の主砲発砲の瞬間に砲身を破損させてやることができるようにもなるでしょう。

そのＵＡＶは、砲身内の異物として機能すればよいので、爆発物等が内蔵されている必要もありません。

ナノテクノロジーが進歩すれば、このスウォームの１機のサイズは「蠅」レベルまで小型化するのではないでしょうか。そうなったら車載の12・7ミリもしくは14・5ミリの重機関銃も、ふだんは銃口を塞ぐ工夫が必要になるでしょうね。

Ｓｉｇｈｔ（照準器）の戦いになる

敵がどこにいるのかも知らずに発射した銃弾が敵兵を斃してくれることは、まず、ありません。

将来の無人戦車がどんなＡＩを搭載していようとも、市街地のあちこちに姿を隠している敵兵の現在位置を刻々、瞬時に推知することは至難でしょう。

敵ゲリラは、ビルの壁にあけた小さな孔から街路を覗いていて、無人戦車がじゅうぶんに接近するのを待ち、窓枠から一瞬だけじぶんの上体を暴露して対戦車ロケット弾を発射するや、すぐまた姿をくらましてしまう……といった戦法が可能です。

有人戦車に搭載されたＡＰＳの働きで、このようなロケット弾攻撃を最初のうちは掃い落とすことができても、防御用の「弾薬」は有限であるため、何発も続けて攻撃されているうちについに無防備となり、被弾することは免れない――という話を既にいたしました。

無人戦車なら、有人戦車とはまったく異なるアプローチが可能です。

無人戦車は、その単価を極力低くして大量生産し、敵ゲリラが立て籠もる市街地に多数をもって一挙に浸透する用法を現実にしてくれます。ネットワーク化されたスウォーム統制によって各車がそれぞれひとつのビル壁を分担し、そこを間歇的に威嚇銃撃しながら、短時間のうちに市街の全交差点を無人戦車の「円陣」陣地にしてしまうでしょう。

円陣の中央には、中層ビル街制圧専用に設計された、伸縮タワー付きの無人トレーラーが設置されるでしょう。高いところからビルの窓をビデオで監視し、同時に、自動火器により射撃を加えることも可能な、鉄骨の「見張り塔」です。

グループ行動している無人戦車は、そのうち1両が敵ゲリラの攻撃によって破壊されても、別な僚車が、即座に観測された射点に向けて銃撃をし返します。敵ゲリラは、同じ窓／銃眼からは二度と攻撃は試みることができません。

このようにして市街地内の道路の要所が確保されたあとには、屋内制圧用の専用ロボットが投入されるでしょう。その詳細には立ち入らないことにします。すでに世界の多数のメーカーがいろいろな試製品に挑戦しているさいちゅうです。

コラム　AIは老兵と新兵のギャップを埋める

もし「甲」国がAIを戦争に利用できるなら、敵の「乙」国だってAIを駆使するに決まっています。いったいAIに支援される軍隊同士はどんな戦争をすることになるのか？

ひとつ考えられるのは、個々の将兵の「年齢と軍事パフォーマンス」のこれまでのような自然な対応関係が、AIの知能的アシストや、メカニカルなアシストのおかげで全くフリーダム化するんじゃないかということです。

つまり、未熟な新兵でもまるで老獪な歴戦将軍のように怜悧に戦場を見渡すことができ、ベテラン下士官のように無駄がなく要領がよくなって、かたや老軍人にはハイティーン時代のような不眠不休の活動を可能にする精力と「補助筋骨」が与えられるでしょう。

およそ各国の軍隊には、若い将兵、壮年の中堅、そして初老の高級将官がミックスされていて、お互いにお互いの足りない部分が補われています。

若い将兵は基礎体力（特にその回復力）が優れていますが、いかんせん経験が無いので「要領のよい戦闘」はできない。

初老の将官は経験と識見を備えていますが、自分でも気付かぬうちに体力は衰えてしまっています。素早く命令することはできるのですが、自分の身体がすばやく力強く正確には動きません。だからたとえば戦闘機のパイロットなどは務まりません。

AIが進歩すると、こうした「若い者の欠点」「年寄りの欠点」が、どちらもメカトロニクスによって補われるようになるのでしょう。

第8章
これが無いなら陸自を海外派兵するな

AIは銃撃戦を「自動化」する？

米国はアフガニスタンの秩序再建とゲリラ討伐に疲れを感じています。そのうち、「日本からもアフガニスタン政府の治安維持をサポートする駐留部隊を差し出してくれ」と言ってくるかもしれません。オーストラリア政府などはこうした要求に真剣に応えようとしています。

そこで、仮定してみましょう。もし、陸上自衛隊がアフガニスタンのゲリラ蟠踞（ばんきょ）地帯でパトロールをするようになったら、どんな状況に直面するのでしょうか？

アフガニスタンによくある、植生に比較的に乏しい岩山地帯では、敵ゲリラがわが軍を奇襲しようと思ったなら、「稜線（りょうせん）」を徹底的に利用するしかありません。

反政府ゲリラたちは、こちらからは稜線の裏側となって見通せぬようなコースだけをつたって慎重に移動します。時おり、稜線越しにわが部隊の人数や火力をチラリと視察して、殲滅（せんめつ）可能だなと見極めれば、気付かれぬように間合いを詰め、できたら急襲して包囲にもちこんでやろうと考えます。

しかしもしこちらに油断がなく、手ごわい相手だと判断されれば、ゲリラは、高倍率の照準眼鏡を使わずに小火器やＲＰＧ（炸薬数百グラムの小型ロケット弾を肩射ちできる無反動発射器）の照準をかろうじてつけられる、８００メートルかそれ以上の遠間から、射撃を加えて来るでしょう。

もちろん射手は稜線を楯にしていますから、こちらから軽機関銃で反撃をしても、ほとんど制圧は望めません。そもそも距離が８００メートルにもなれば、倍率が高い照準眼鏡を覗いて専用の狙撃銃を用いたとしても、ふつうの兵隊では百発百中とはいかなくなるものなのです。

それならばと、歩兵の足を使って間合いを詰めようとこちらが焦っても、稜線を２回ぐらいも超越しなければならないアップダウンの険しい道のりでは、とても追いつけるものじゃない。敢えて試みたところで、高いところから低いところを火制（瞰制射撃）される不利に陥るだけでしょう。

敵地に進駐してパトロールを繰り返している味方部隊は、弾薬や電池（充電式なので捨てられません）の重さにあえぎ、また長時間の悪路ドライブに揺さぶられるなどして、日常的に疲労しています。あるいは前哨砦での生活に、倦怠を感じているでしょう。

およそ普通の人間は、連続して数時間も、注意力を集中することはできかねるものなのです。重い荷物を担いで少人数で山岳地帯を警備巡回しているときに、周囲の遠くの高地上の稜線を丹念に双眼鏡で見張り続けるような根気や体力も、誰にもないでしょう。時間とともに精神の「隙」ができてしまう。

人間が抱える、このどうしようもない限界を補ってくれる助けは、たぶんＡＩからしか来ないのかもしれません。米国の大小の軍需メーカーは、そのように考えています。

ＡＩによる中型機関銃と重機関銃の「狙撃銃」化

平らな沙漠のまんなかに佇立（ちょりつ）している人を、背景や環境の赤外線パターンから区別して「人間があそこにいる」と判断することは、初歩的なＡＩソフトにもできる作業です。

しかしアフガニスタンのような山岳地での対ゲリラ警備となると、敵ゲリラも間抜けではないので、岩山の稜線からほんのわずかに目だけを覗かせて、こちらの様子を窺うはずです。

ビデオ画像素子に映っている、距離８００メートル以上離れているどこかから「目だけ覗かせた敵ゲリラ」を、めざとく発見してしまえるＡＩソフトが、歩哨（ほしょう）の心強いアシストとして待ち望まれていると思います。

おそらくこれは「マシン・ラーニング」で判定の正答率をどんどん高めるという手法がストレートに応用可能なタスクでしょうから、いずれは実現するはずです。

ただし、ちょっとでも物蔭から頭を出したなら即、発見されてしまう――と敵ゲリラがいったん学習をすれば、次の機会からは彼らは、手鏡ですとか、潜望鏡式の光学器材や、ＣＣＤを応用した目立たない電子カメラ等を用いて、決して自らの頭部を敵眼には暴露しないようにじゅうぶんに注意することでしょう。

それでも治安軍側の努力は無駄ではありません。敵ゲリラは山蔭からわが砦やパトロール部隊を奇襲することはもう企て得なくなったからです。

となると次に敵が採用する手は、戦場を山岳ではなく村落や市街に移して、最初から住民の中に紛れ込んだ状態でパトロール部隊を油断させて襲撃のチャンスを窺うか、住民を徹底利用した爆弾テロ作戦かもしれません。

ロボットの見張りが重宝するわけ

部隊が停止して大休止もしくは夜営中の味方の「不寝番」として、戦車のセンサーとＡＩを活用できることは、将兵の疲労をずいぶん軽減してくれるでしょう。

どんなまじめな人間も、同時に複数方向に注意は向きませんし、若い兵隊なら、長時間の立哨のあいだに考えていることは敵兵の接近ではなく女のことかもしれません。特に深夜は昼の疲労もあって、１時間もすれば眠くて仕方がないでしょう。

しかし監視用のセンサーシステムなら、まばたきすることすらなく、ダレたりもせず、何時間でも集中し、全方位のかすかな熱線反応、不自然な動きをも見逃さず、不審な音響も耳ざとく聴き逃さないのです。

欠陥品を欠陥品と認めない国の文化はＡＩにもどうにもできない

遺憾なことに先進的軍隊の中ではおそらく最も「ロボット化」研究が立ち遅れてしまっているわが国では、「無人戦車」はおろか、気の利いたリモコン銃塔も、とうぶんは普及しそうにない現状です。

そうなって参りますと、既存の戦車や装甲車や輸送車両等の「自衛用火器」を見直す作業が、本格的な「海外派兵」の前に、済まされなくてはならないでしょう。

「74式車載7・62ミリ機関銃」は、陸上自衛隊の歩兵分隊用軽機関銃であった「62式7・62ミリ機関銃」の各部を頑丈に造り直したもので、自衛隊の現有のすべての戦車の主砲の脇などに装置されて、専ら対地制圧射撃のために使われています。

なぜ7・62ミリなのか……？　車載なら、もう少し強力な弾薬でもよいではないか——と思われるかもしれません。

敵の歩兵が潜んでいそうな草藪（くさやぶ）に、むやみやたらにわが戦車が主砲弾を撃ち込むわけには、なかなか参りません。タマの値段を気にせずに臨機・随意に「探り射ち」ができて、その残弾量についてはほとんど心配無用な、この口径の副火器があるおかげで、味方の戦車に敵の歩兵が忍び寄ることは不可能になるのです。

ところがこの国産車載機関銃は「74式戦車」いらいの歴代国産戦車乗りの皆が口を揃えて「欠陥品です」と（もちろんオフレコで）太鼓判を押してくれる、稀有（けう）な装備品です。

引き金を引いているのになぜか射撃が止まる故障が多い。しかもその故障を車内において簡単に排除することができません。一回つっかかってしまいますと、何分経っても同軸機関銃の射撃が可能にならない。実戦ではまさに戦車兵たちの命取りになりかねません。敵ゲリラもこっちの様子をよく見ていますから、たちまちつけこまれてしまうでしょう。

「74式」の前の陸上自衛隊の車載機関銃としては、米軍の「ブローニングM１９１９」型７・62ミリ重機関銃が使われていました。よく「無故障」だと称されたものです。実際にはごくたまにつっかかりが起きるのですけれども（たぶん不良弾薬が原因で）、そのときは、ボルトハンドルに結着された紐を戦車の装填手（そうてんしゅ）が強く後方へ引っ張りさえすれば、その一挙動だけで確実に故障は排除され、すぐまた連射を再開できました。ユーザーは皆これを絶賛していたものです。

しかし米陸軍と海兵隊の主力小火器用の弾薬は、朝鮮戦争を境にそれまでの「.30－06」という薬莢（やっきょう）の長い７・62ミリ実包から、ＮＡＴＯ共通弾薬として新制定された「.308」という、薬莢の短い７・62ミリ実包に切り替わりましたために、有事の弾薬補給をすっかり米国に依拠している自衛隊としましては、この「無故障機関銃」をいつまでも使い続けることもできなくなってしまったのです。

「74式車載7・62ミリ機関銃」の製造元は「住友重機械工業」ですが、じつに1974年（当時は企業名が「日特金属工業」）の最初の納入ロットから延々と、品質・性能に関する検査データを改竄し、要求性能に満たない兵器を防衛省に納入していたことが2013年にバレており、指名停止処分も受けています。ちなみに別な会社である「住友金属」の検査データ改竄スキャンダルが公けになったのは2017年でしたね。

残念ですが、わが国の組織文化には「AI」以前の深刻な問題があるようです。

欠陥品の更新は「定評ある中古品」を輸入するのがよい

幕末いらいの近代日本軍の歴史をふりかえってみますと、国内で設計し製造した小火器や重火器で、当時の列強のレベルに並んでいたか、実戦場における特定パフォーマンスにおいて敵を凌駕できたアイテムは、ごく僅かであったことが確かめられるでしょう。

日清戦争では、清国兵の最新鋭のモーゼル連発小銃に遥かに劣る村田歩兵銃（単発式）で、勝つことができました。プロフェッショナリズムと野砲運用で優っていたためでした。

日露戦争では、ロシア兵の「1891年式歩兵銃」よりも我が「30年式歩兵銃」の方が弾道が低伸し（したがって近距離から遠距離まで、敵兵の頭上を弾丸が跳び越してしまうことがない）、しかも射手に引金の「ガク引き」をさせる心理要因となる発射反動は小さく、おまけに弾薬も省資源的だったおかげで、野砲の性能面での劣悪を小銃の高命中率が補って、わが軍に平地野戦での勝利をもたらしてくれました。

昭和12年からの支那事変から対米戦争にかけては、口径７・７ミリ（これは第一次世界大戦中の英国の航空用機関銃の実包規格を採り入れたもの）の「92式重機関銃」が、三脚も銃本体もたいへんに重くて運搬に苦労させられるものであった代わりに、遠距離における集弾性がずばぬけて佳良で、無駄弾の無い狙撃銃のように働いてくれたおかげで、万年砲弾不足に悩まねばならなかった昭和の帝国陸軍をして、対支の長期戦と将来の「対ソ戦」「対米戦」に非現実的な楽観を抱かせてしまったほどの運命的「名機関銃」でした。

しかし今日ただいまのわが自衛隊に、「数十年に一度」つくられるかどうかの国産傑作自動火器の登場を待てるような余裕が、あるわけもないでしょう。

欠陥火器「74式車載７・62ミリ機関銃」の代替品は、米軍の「Ｍ１」戦車の主砲同軸機関銃「Ｍ２４０」のサープラス品（余剰中古品）の輸入によって当面を凌ぐほかはないでしょう。

米国サウスカロライナ州にあるＦＮ社（本社はベルギー）の工場で１９７０年代後半から大量に生産されていますから、米国内で品薄ということはあり得ません。他方で、換装を急がねばならぬ陸自の戦車や歩兵戦闘車の定数は少ないのが、不幸中のさいわいです。必要定数の数倍を〈部品取り〉用としてまとめて輸入しておけば、訓練や実戦での消耗分の補充にも不安はないでしょう。

いざというときは、最前線で米海兵隊や米陸軍や英軍や豪州軍から部品を融通してもらうこともできます。いまやNATOの標準装備と言ってもいいこの機関銃には複数の派生モデルがあるのですが、内部部品は完全互換なのです。

やはり「74式車載7・62ミリ機関銃」を余儀なく使用させられている、海自の艦載哨戒ヘリ「SH-60J／K」用のドアガンとしては、別に何か新品の7・62ミリの機関銃を輸入するのが真っ当でしょう。

そして将来は、それ（常識的にはM240系）を次期車載機関銃としてライセンス生産させてもらうようにしたらいいのです。

海外ではオール「3トン半」編制が合理的？

アジア、中東、アフリカの不安定地域……。より安全な世界をつくるため、これからはできるだけ自衛隊が、従来この地域で米軍がやってきたような「出張サービス」を、代行してくれないか――。

たぶん長期的な目で米国政府が日本に期待を寄せている〈責務の分担〉の形です。

米軍の後進国支援活動の内容は、近年では、各地のゲリラと直接対峙している現地友邦政府の軍や警察組織を、平時において「訓練指導」する業務が中軸をなしています。

むろん同時に、テロリスト情報を共有したり、ゲリラの撲滅のために百般（ひゃっぱん）助言もし、いよいよ現地軍の対テロ作戦が始まるときには公然／非公然の合同作戦までもオプションに入っているでしょう。

さすがに米政府は自衛隊に対して今すぐにいきなりそこまでの働きを求めることはなかろうと思われますが、後方で支援活動だけに従事するのだとしても、ゲリラの方から自衛隊の防備が弱そうなのに目をつけて襲撃してくるといった情況は、海外では当然に考えておかなくてはなりますまい。地雷も、車両の選（え）り好（ごの）みをしないはずです。

さてそうなりますと、ソフトスキン（ボディの外板に防弾鋼を使っていない、非装甲の人員輸送車両など）を自衛隊が海外へ持っていくことが、もうそもそも不都合でしょう。ＩＥＤ（ゲリラの手製地雷／路肩爆弾）はウィルスみたいなもので、ＡＫ－47系カラシニコフ自動小銃やＲＰＧ（携行ロケット擲弾器（てきだんき））と同様、今後いっそう世界に拡散することはあっても、根絶されることなどありません。どんな最新の「ＩＥＤ対策」を考えたところで、ゲリラはいつのまにかその裏を掻く方法を創意工夫して編み出すはずです。

２００９年に米陸軍が、アフガニスタンの山坂を問題なく走れる最小サイズの耐ＩＥＤ装甲を施した４×４車両としてオシュコシュ社の「Ｍ－ＡＴＶ」（自重13トン、縦６・27×幅２・49×高さ

©兵頭二十八

このいすゞ製3トン半トラックにはSバンドの対空レーダー装置JTPS-P14のシェルターを載せている。レーダーを使うときにはこのシェルターを地面に降ろし、4本のアウトリガーを展張する。

2・7メートル、7200cc）を採用し、さらに2015年にそれを海兵隊の要求仕様に擦り合わせて軽量化した「JLTV」（オシュコシュ社内でのモデル名はLATV）でも、エンジンを6600cc（300馬力＋）に抑えながらも外寸は「M-ATV」と同じ大きさを譲らなかったことは重要です。

ここでわが陸自輸送の主力である6輪（6×6駆動）の「3トン半トラック」（いすゞ製。採用当初は73式大型トラックと呼んだ）の外寸を確かめてみましょう。「全長7・15×幅2・48×高さ3・08メートル」です。なんと「M-ATV」や「JLTV」とほぼ等しい。馬力も「M-ATV」と同じです。

すなわち、いすゞの「3トン半」の外寸は変更しないで、そのキャビン内に防護装甲を追加して貼り、装甲シェルターを背負わせれば、それがそのまま、日本版のJLTVとなり得るわけです。

ミリ自動装填式迫撃砲を試作しています。その有効射程は直接照準で１０００メートル、間接照準では４０００メートルになったそうです。

２０１６年になりますとイスラエル企業は、日本製のふつうのピックアップトラックの荷台から81ミリ迫撃砲を発射しても車体を傷めずに済む「エイモス」という緩衝機構を完成し、バーレーン陸軍に納入しました。射程は５㎞で、荷台には54発分の弾薬も積めます。そのユニークな長所に着目した米国防総省は、シリア国内で作戦するクルド人部隊のために、17年の前半にこのシステムを買って供給してやったようです。

イスラエル技術陣の見解では、迫撃砲の発射反動は緩衝機によって７割緩和することができるので、「ＨＭＭＷＶ」のような頑丈な「梯子形フレーム」をシャシに使っている車両であれば、１２０ミリ迫撃砲を荷台上から発射することすら可能になります。けれども、フレームがそこまで頑丈ではない商用ピックアップトラックの華奢な荷台から発射ができるのは81ミリ迫撃砲までだそうです。

わたしが提案したいのは、外装式（すなわち上向きの砲口から重力で落とし込んでやる装填方式）ながらも、その装填動作も、方位角・仰角制御もコンテナ内でメカニカルに無人化されていて、かつまた、その迫撃砲の砲口がコンテナ天板よりも低いところに位置しているような（したがって天板には開閉蓋がある）60ミリもしくは81ミリ迫撃砲のウェポン・パッケージ・コンテナです。

アフリカに派遣される陸自部隊のために、フロントガラス内側に防弾ガラス等を増設する改造を施した「特大型トラック」。同トラックは「3トン半」のひとつ上のクラスだけあり、後ろ2軸がダブルタイヤになっているなどスペック上で比較すると頼もしいのだが、総調達数では「3トン半」よりもずっと少なく、これを持たない末端部隊も全国には多い。

これを「3トン半」の荷台に据えれば、そのまま火力支援車になってくれるでしょう。

迫撃砲の砲尾を後装式に改造するわけではないので「オフ・ザ・シェルフ」（出来合品調達）に近い開発スピードを見込むことができるでしょう。発射反動緩衝機構だって、イスラエル企業からパテントと「勝手改造権」をコミで買うことにすれば、話はとても早いはずです（彼らは誰よりも兵器輸出に血眼でありながらも大商談をなかなか成立させられないという、苦しい立場です）。

こうした「装備化スピード重視」の発想が、従来の防衛省・自衛隊には、なさすぎました。シンギュラリティ前夜の只今の時代、〈部隊に行き渡るのが10年後〉などという悠長な兵器プロジェクトでは、我・人ともに救われなくなる結果におわる危険は大なのです。

ウェポン・パッケージ・コンテナは、地上や、大型軍艦の甲板（かんぱん）の隅に据え付けたり、あるいは海上保安庁の巡視船艇の固有火力として最初から上甲板と面一（ツライチ）に埋め込むようにすることが容易で、高い汎用性は今から約束されています。

RWSよりも未来的？

RWS（リモコン無人砲塔）すら、ほんとうにAIが高度に発達した暁（あかつき）には、ウェポン・パッケージ・コンテナに比較して価値が下がるかもしれません。

そもそも敵ゲリラと小火器の間合いで生身の乗員が対決するという状況が前提視されているのが、おかしいと思われるだろうからです。

しかしこれから先、どの技術がどの技術よりも一歩早く伸張することになるのか、それを逐一予測することは、AIにだってできますまい。

たとえばとつぜんにレーザー兵器が実用性を著増（ちょぞう）して、低初速で湾曲弾道を描く迫撃砲弾などは地面に近づく前に無力化されてしまうようになるかもしれません。そうなったら、また、低伸弾道で初速の大きな機関砲式火器が見直されるかもしれません。

10km先の上陸用舟艇や水陸両用車に向けて連続6発、空からミサイルを叩き込める「96式多目的誘導弾システム」。射手は光ファイバーを通じて標的の映像を確認する。この装備をもっている陸自がどうして今さらに「AAV7」などという、乾舷余裕がほとんど無い、浮航速力13km／時の、アルミ合金の浮かぶ箱を1両7億円以上もはたいて買うのか、不可解としか申しようがない。至近弾を受けただけで全員溺死の危険が待つのだ。

先行装備の96式よりも射程は短いが、捜索用センサーなどシステム一式を高機動車1両にパッケージしてしまった軽便な「中距離多目的誘導弾」。ミサイルのセンサーも進化していて、最後の瞬間まで誘導し続ける必要はなくなった。無数の小型舟艇が離島に押し寄せても、これで対応できるのだ。

©I.M.

あとがきにかえて——社会を変えずに技術ポテンシャルを満開にできるか？

すでにライセンス量産中である大型ヘリ「CH－47JA」に空中受油プローブを増設する案や、国産の「US－2」大型飛行艇を特殊部隊投入用に改造する案とくらべて、総合コストパフォーマンス上および国内軍需産業振興面でのメリットが零に等しい、米海兵隊御用達品の「MV－22オスプレイ」を、なんでわざわざ自衛隊が直輸入することに決めたのかにつき、わたしは2014年7月刊の『兵頭二十八の防衛白書2014』（草思社）において、〈それは海上自衛隊の中の「空母派」が、固定翼ジェット戦闘機を運用するフラットデッキ艦を保有する前の準備のできる練習艦上機として欲しているのだろう〉——と推定しました。

2017年12月に防衛省は、2万6000トンの『いずも』型ヘリ空母に米海兵隊御用達の「F－35B」戦闘機を積んで運用できるようにするという構想を、遂に公表しました。

米国軍事メディアは、南シナ海で17年6月に米空母『ロナルド・レーガン』と並走した『いずも』の写真を添えてこれを即日に報道しています。彼らが歓迎する近未来とは、日本が南シナ海で米軍の代りに中共軍と対決してくれる「役割分担」であることは、分かり易いように思われます。

中華人民共和国が航空母艦を欲するのは、彼らの「社会」の要求なので、実戦には少しも役に立つものでなくとも、平時に政治的に彼らにメリットをもたらすはずです。

ところが日本の海上自衛隊が有人機母艦などに努力を割いても、日本社会はちっともありがたくありません。単に海自という権益組織を満足させるだけなのです。もっと喫緊に戦争資源の投入が求められている分野に、有限の資源が流れ込まなくなることによって、むしろ日本国は損害を蒙るでしょう。

昭和20年の後半、進駐軍（アメリカ軍）は日本陸海軍の主だった生き残り将校にさまざまな訊問をしました。そのうち海軍大将の豊田副武（終戦時、軍令部総長）は、こう反省したものです。〈われわれは航空兵力が重要だということはわかっていたが、それを強化できるだけの予算がなかった。戦艦の価値をかいかぶりすぎていたために〉。

豊田の反省を現在の教訓にするならば、「ほんとうに大事なものを整備するためには、無用になりつつあるものを早く捨てなければならない」となるでしょう。なぜなら日本の予算も時間も有限だからです。

ＵＵＶからの機雷敷設能力の整備や、分散できる小型の水上艦から、無人偵察機と連携して長射程の対地（または対艦）弾道弾を発射できるようにすることの方が、わが国の安全保障の大目的には幾層倍も役に立ってくれるでしょう。

◇◇◇

ルソーの愛読者であったクラウゼヴィッツ（１７８０～１８３１）にとって、全盛期ナポレオン軍の圧倒的な強さの基礎が、兵器や科学技術などではなく、むしろ変革されたフランスの社会体制そのもの、すなわち政治にあったのだと把握することは、たやすかったと思います。

直観力が働く人間は、敵と己の優劣点把握からただちに理念（我らとしてあるべき姿）に想到し、ついで「何を為さねばならないか」までもイメージできてしまいます。こうした構想の飛躍は今のところＡＩ（人工知能）には自動実行ができかねるタスクのようです。

しかしさすがにクラウゼヴィッツがいくら脳髄を絞ったところで、長年反動的王制を続けているプロイセン国家をいきなり革命フランスのコピー社会に変えてしまう方法は、見当はつきませんでした。さりながら母国の現実体制下で為し得るかぎりのさまざまなチャレンジに身を挺して率先奔走した結果は、仇にはなりません。クラウゼヴィッツ没後の後継者たちは、どこの国も発明していなかった「参謀本部システム」を大成し、１８７０年に普仏戦争を快勝に導いたのです。

ボスではなくて名目上の下僚（スタッフ／参謀／幕僚）が集団的に領導する組織運営は、少人数の試験エリートが既存国家体制を破壊せずにフランス革命と近似の成果を急いで収穫しようとするエンジンでした。その流儀が、統一ドイツ帝国の官僚機構全体にすんなり採用されたことは、もともと社会にそれを是とする下地ができていたことも示唆するでしょう。

げんざい、社会進化論的な基準でいちばん成功している国家はアメリカ合衆国です。有能な人物は、ボスにもスタッフにもなれる。おのおの、その所を得ることができています。

しかし他のほとんどの国々は、米国とは根本より異なる地政学環境に置かれ、社会の来歴もそのゆえに独特であるために、米国のコピー体制を捏ね上げようとしてもはじめから無理だと達観しています。それぞれ、今ある社会の土台を破壊せずに、後進陣営に転落しないで済む方法や、国家的な自爆・自殺を回避し抜く方法を発見していくよりほかに道はありません。

たとえば中華人民共和国はその反民主主義的な政体は固守したままで、有為の人民の創意工夫を引き出し国力に転換する枠組みをうまいこと見つけました。それによって今のところアメリカ合衆国にも対抗できるのだという希望を保持していますけれども、水路のすぐ先に社会進化論的なカタストロフ――「サバイバル失敗」が待ちうけていないかと問われれば、内心はビクビクものでしょう。人民が心底腑抜けばかりの集まりでないかぎりは、一党独裁政治の人気は長期的に必ず失墜するものだからです。

北朝鮮も同じです。本書執稿時点で世界最貧国にほど近い北朝鮮体制が米韓両国によって転覆もさせられずに済んでいる奇観は、社会進化論的には「成功」の部類に属する。昭和16年の日本の指導部より、よっぽどうまく立ち回っています。けれども彼らには明日の保障すらありません。生産力の下部条件を著しく欠いた国家が体制をずっとサバイバルさせ続けられるか否か。あなたが賭けに乗るなら後者でしょう。

いっときは調子のよかったドイツ帝国が、第一次大戦と第二次大戦で2回もカタストロフに瀕したように、国家の大失敗は数年にしてやってきます。それを喰い止めるのは何でしょうか？スポーツ競技的な総スペック比較表よりも、もっとずっと肝腎なことがあるのです。それは「気の利く人材」が人間集団の要所〳〵で見出されているかどうか、です。

そこさえうまくいっている限りは、北朝鮮のような経済的破綻国家ですら、外敵に対抗してなんとか生存し続けられるのでしょう。ひきくらべて昭和16年のわが国には、その人材配置が見られなかったのです。今の防衛省・自衛隊がどうかは、言わないことにしましょう。

◇◇◇

日本の社会も、また日本の敵国の社会をもすっかり変えてしまう大きな可能性を秘めているAI分野に「自動翻訳」があります。

ほとんどの国と地域で、気の利いた翻訳者の絶対的な不足が普通であるために、国外でオープンに利用されている有益な情報を吸収できる自国人が限られてしまうことは、人類の啓蒙のためになっていません。

自動翻訳AIのこんごの進展如何によっては、中共を筆頭とした世界の非民主的・反近代的政体が内部から瓦解したり、あるいは日本国内の政党地図がガラリと変わることもあり得ます。

おそらくは、マシーン翻訳の巧緻化が「国際宣伝戦」の重要性をさらに高めるでしょう。宗教戦争の一部当事者は「精神のアップロード」（すなわち改宗強制）ができるようになる日を夢見ているかもしれませんが、そんな「シンギュラリティ」の前の段階としてです。

◇◇◇

今もしAIに、人々の知能開発に関する日本社会のチョークポイント診断をしてもらったら、「いちばんのネックは学制です」と答えるかもしれません。

科学技術のほとんどの分野で万国を牽引しているように見える米国の学制の利便は、高校（4学年）からすでに「単位制」になっていることです。理解が早い生徒は1年生だろうが2、3、4年生向けの単位を取ってもいい。それどころか1950年代後半以降は、高校生が近郷の大学や大学院を受講して、その単位を高校卒業単位に充当することまで許されています（むろんその大学・院の単位としても持ち越せる）。

これをAPクラス制度（Advanced Placement 「飛び級」ではなく「単位先行修得」と訳すと分かり

よい）と言い、もともと入試の資格要件に前学歴や満年齢を含めぬ大学が多いことともあいまって（日本のように法令で一律に統制されない）、特に早期に才能を開発することが望ましい理数系の頭脳が、あたら高校で不完全燃焼させられ萌芽しても立ち腐れを強いられるといった無駄は、社会から追放されているのです。

おかげで、学校などでくすぶっていたくない元気な人は、4年制高校にはすばやくおさらばをして、4年制大学も2年ぐらいで卒業してすぐにベンチャーを興すことだって、このAPクラス制度のもとならば自在です。

学校に通う目的が、商売の元手となる知識を仕入れることにあるのならば、今日では、学校に通う必要もありますまい。AI時代には古い学歴をもてはやす人は絶えるはずです。

ひょっとしたら、あと15年もせぬうちにシンギュラリティの大波乱が世界と日本を呑み尽くすおそれがあると考えますと、わが国の議会・政府・文科省などが牛の歩みほどのスピードでこれから日本の学制改革に動くのを待っている時間は、わたしたちにはどうもなさそうに思えます。

政府が統轄する青少年教育レールとはほぼ無交渉に、純然民間のプロジェクトとして、AI時代に気の利く——すくなくとも自分と家族と社会を亡ぼさないだけの最小限の——智恵を、無償で人々に与えられるインターネットプログラムが必要だと感じます。

そのコンテンツを視聴したからといってどんな履歴書上の資格が追加されるわけでもないが、

シンギュラリティ前夜時代に必要とされる教養と思考力がいささかでも身に付いた人が増えてくれることで、日本社会がそれだけ大攪乱（かくらん）に堪（た）え易くなるでしょう。

ＡＩの産業適用が進展するにともなって、現存の大半の職業がもはや人手を必要としなくなり、必然的にやってくる大量失業時代への根本対策として、先進国政府は必ずや全国民に「ベーシックインカム」を保証して、その代わりに反社会・反国家の暗黒面には落ちるなよ、と誘導するしかなくなるでしょう。

ほんの少数の、時代適性に恵まれた「稼ぎ頭」たちが自由闊達（かったつ）にＡＩと無人装置を駆使して納める巨額の税金だけで、日本政府は全国民に「ベーシックインカム」を供給できてしまえるようになる。これも必然的にやってくる未来社会だと思っています。

しかし、社会のために「悪いことはしない」というだけのパッシヴな社会貢献だけでは満足ができない老若男女は一定数、あるはずです。人々は常に自分が何のために生きているのかを自問してきました。

有為の人材を大量に遊ばせておくぐらいなら、軍人として雇用した方が、社会と国家の為になるでしょう。長期スパンで大きく俯瞰（ふかん）すると、これから自衛官の定員はもっと増やしていいでしょう。もちろんその半分以上は、「ＡＩ特技兵」となるはずです。

◇　◇　◇

本書の当初の原稿段階では、離島防衛や北海道の鉄道や災害派遣用の装備についてまで幅広い検討を加えてみました。しかしその多くは「ＡＩ」と直接の関係がなく、総文字数の制限もありましたため、割愛をいたしました。ご諒承ください。

末筆となりましたが、本書の企画でお世話になりました飛鳥新社の工藤博海氏には深く御礼を申し上げます。

平成三十年三月吉日　　著者　識す

兵頭　二十八（ひょうどう・にそはち）

1960年長野市生まれ。陸上自衛隊北部方面隊に勤務の後、神奈川大学英語英文科卒（1988）、東京工業大学社会工学専攻修士（1990）、現在は作家・評論家。著・訳書に、『新訳　孫子』『陸軍戸山流で検証する日本刀真剣斬り』『精解　五輪書――宮本武蔵の戦闘マニュアル』『「名将言行録」――乱世の人生訓』『フロンティヌス戦術書』『隣の大国をどう斬り伏せるか――超訳クラウゼヴィッツ「戦争論」』『有坂銃――日露戦争の本当の勝因』『人物で読み解く「日本陸海軍」失敗の本質』『パールハーバーの真実』『日本海軍の爆弾――大西瀧治郎の合理主義精神』『地獄のX島で米軍と戦い、あくまで持久する方法』『「日本国憲法」廃棄論』『日本人が知らない軍事学の常識』『「自衛隊」無人化計画――あんしん・救国のミリタリー財政出動』『「グリーン・ミリテク」が日本を生き返らせる！』『もはやSFではない無人機とロボット兵器』『兵頭二十八の農業安保論』『「地政学」は殺傷力のある武器である』『北京が太平洋の覇権を握れない理由』『東京と神戸に核ミサイルが落ちたとき所沢と大阪はどうなる』『アメリカ大統領戦記（全2巻）』『日本史の謎は地政学で解ける』など多数。函館市に居住。

AI戦争論　進化する戦場で自衛隊は全滅する

2018年4月18日　第1刷発行
2018年5月6日　第2刷発行

著　　者　兵頭二十八
発 行 者　土井尚道
発 行 所　株式会社　飛鳥新社
〒101-0003　東京都千代田区一ツ橋2-4-3　光文恒産ビル
電話　03-3263-7770（営業）　03-3263-7773（編集）
http://www.asukashinsha.co.jp
装　　幀　神長文夫
印刷・製本　中央精版印刷株式会社

ISBN 978-4-86410-611-5

編集担当　工藤博海